雅 文◎编著

这辈子

你该如何

THIS LIFE HOW SHOULD YOU

改变自己

CHANGE YOURSELF

改变自己 改变处境
念转运则转 心变境就变

中国华侨出版社

图书在版编目(CIP)数据

这辈子你该如何改变自己 / 雅文编著.—北京:
中国华侨出版社,2011.4
ISBN 978-7-5113-1268-6

Ⅰ.①这… Ⅱ.①雅… Ⅲ.①成功心理学–通俗读物
Ⅳ.①B848.4–49

中国版本图书馆 CIP 数据核字(2011)第 027183 号

这辈子你该如何改变自己

编　　著 / 雅　文
责任编辑 / 尹　影
责任校对 / 李向荣
经　　销 / 新华书店
开　　本 / 787×1092 毫米　1/16 开　印张/18　字数/360 千字
印　　刷 / 北京建泰印刷有限公司
版　　次 / 2011 年 5 月第 1 版　2011 年 5 月第 1 次印刷
书　　号 / ISBN 978-7-5113-1268-6
定　　价 / 32.00 元

中国华侨出版社　北京市朝阳区静安里 26 号通成达大厦 3 层　邮编:100028
法律顾问 : 陈鹰律师事务所
编辑部 : (010)64443056　　64443979
发行部 : (010)64443051　　传真 : (010)64439708
网址 : www.oveaschin.com
E-mail : oveaschin@sina.com

前言

从整齐划一的蓝灰中山装到现在五彩缤纷的时装，从过去的"楼上楼下、电灯电话"到现在的"3G 时代"，从"东方红"的旋律到"嫦娥二号"的探月，从奥运赛场上零的突破到 2008 年的"北京欢迎你"，从那个"离开雷锋的日子"到如今一年一度的"感动中国"……时代在发展，小到个人的外在形象、物质水平，大到国家的科技水平、综合国力，都在日新月异地向前奔走着。面对已经改变的世界，我们最应该做的就是：改变自己！

环境时时在变，倘若固执己见、墨守成规，迟早会被生活的洪流所吞没；唯有改变才能紧跟时代的步伐，获得发展的良机。可以说，生活最大的成就就是不断地改变自己，从而悟出生活之道。

只有具备一种变化的理念、一种全新的形象、一种开放的眼光；不沉湎于过去，不拘泥于现状，不执著于未来，才能登上人生的巅峰。一切在变化中消亡，一切又在变化中产生。从现在开始改变自己，从而改变人生。

　　如何改变你自己？乐观自信、永不放弃，是心态的改变，从而让你成为收获意外的幸运者；革新观念、勇于创造，是思维上的改变，从而让你成为拓展事业的成功者；优化习惯、驾驭性情，是行动上的改变，从而成就你改头换面的新形象；克服逆境、自强不息，是精神上的改变，从而让你完成从平凡到卓越的升华。总而言之，凡是能使你跨上一个新台阶的所有进步都叫做"改变你自己"。

　　本书题为《这辈子你该如何改变自己》，就是专门为身处激烈竞争时代想有所成就，却又时感迷茫无助的你量身定做的一本励志指南。全书共分 13 个章节，分别从心态、思维、行动、习惯、形象、说话、情绪、人际、理财等方面，辅以风格各异的生动范例，细致而深刻地分析指明了如何追求到"变"这一重要的社会生存技能。

　　当翻开《这辈子你该如何改变自己》这本书时，你就已经迈出了改变的第一步。相信本书在夹叙夹议、不拘一格的风格中，会为你释疑解惑、拓展思路。从而敲开胜利的大门，顺利走向成功的彼岸。

目录

第一章
没有糟糕的未来,只有糟糕的心态

一句"没有失败的人生,只有失败的心态"仿佛喊出了这个时代的主旋律。很多事情本身并无所谓好坏,全在于当事者如何看待。可以说,我们的心态就是自己真正的主人。

人与人之间本没有太大的区别,造成差距的根本原因就是心态。心态决定思维,心态决定行动,心态决定一个人的未来。人生并非只能有无可奈何去接受这一种可能,而完全可以凭自身主观努力去把握和调控——心态就是我们调控人生的控制塔。后天培养的属性决定了每一个人都可以通过修炼自身的心态来成就我们的事业,改变未来的人生。

第二章

只踩着别人的脚印走，永远发现不了新的路

"上帝创造人类，人类创造历史。"任何新事物的产生都是对已有事物的否定，都是一种突破、一种创新。成功之路千千万，但在一条"走的人多了"的路上向前跑，不如选择没有脚印的路。或许孤寂，却会给我们带来更多的发展空间。若想获得事半功倍的改变，另辟蹊径就可以称得上是一条捷径。

第三章

告别"空想家"，做个"行动者"

拿破仑说："想得好是聪明，计划得好更聪明，做得好是最聪明又最好。"这个世界总是以一个人的行动来确定他的价值，除非我们付诸行动，否则一切都将毫无意义。

要"做"求成功，而并非"坐"等机会。虽一字之差，却谬之千里。雄心是成功的起跑线，决心则是起跑时的枪声。而最终是否能撞到终点线，获得成功的锦标，全在于我们是否立即行动并全力到底。心动的你，从即刻开始行动起来吧！

第四章
习惯是最好的"仆人",也可以是最坏的"主人"

亚里士多德曾说:"人的行为总是一再重复。因此,卓越不是单一的举动,而是习惯。"习惯的持续性决定了对我们影响的程度,在不知不觉中就改变了我们的行为,影响着我们的效率,左右着我们的成败。

所以,要想改变平庸的现状,改变习惯才是问题的关键。在实现成功的过程中,除了要不断激发自己的成功欲望,还应有意识地对习惯进行必要的培训,最后才能形成一套新的运行程序,使之成为助我们一臂之力的最好的"仆人"。

第五章

改变形象，每天都能看到新的自己

我们记住了 CoCo 香奈儿的永世优雅，记住了杰奎琳·肯尼迪的独特性格，还记得戴安娜王妃的音容笑貌……这些优秀的人用她们独特鲜明的形象创造了一个时代的佳话，并永远留驻人们心间。可以说，她们造就了自己的形象，而形象又造就了她们传奇而伟大的一生。

此时的形象可以显露出我们的学识、修养、品位，还可以判定出未来的事业甚至命运。穿对衣服、选对发型、妆容典雅、仪表优美，都会让我们从一个全新的自己身上看到未来不一样的光明。毋庸置疑，改变自己，从改变形象开始！

第六章

聪明人说话的确与众不同

语言的交际能力有时往往会超出人们的想象，一个会说话的人，总能在生活和工作中如鱼得水。这是一门艺术，不仅要明确自己的谈话目的，还要分场合、分状况，巧妙地把"实话"发挥它应有的最大效果。

要做一个说话不一样的人，必须依靠自身的努力。当我们从说话态度、语气、方式上都有所改变的时候，就会发现周围有那么多友善而乐观的人，而这个世界也是如此的美好。

第七章
不要再被你的情感"绑架"了

原来,幸福和快乐是可以选择的,只要我们具有一种情绪平衡的能力。要创造生命中我们想要的力量、欢乐和热情,其中最重要的一件事就是不被情绪"绑架",学会管理。

"情绪管理"即是以最恰当的方式来表达情绪,如同亚里士多德所言:"任何人都会生气,这没什么难的;但要能适时适所,以适当方式对适当的对象恰如其分地生气,可就难上加难了。"

要成为情绪的主人,必先觉察自我的情绪,并能觉察他人的情绪,进而消除情绪的负效能,最大限度地以鲜活的心情去面对人生。

第八章

从今天起,开始你的人脉储蓄

在美国好莱坞流行着一句话:"一个人能否成功,不在于你知道什么,而是在于你认识谁。"可见,"人脉"对于成功具有举足轻重的作用。

在现实生活中,总会遇到形形色色的人,这就不允许我们随性地选择。朋友本无好坏,只是我们主观上认为的个性与理念的不同。和不同个性的人打交道,学着适应环境,学着赞美别人。这不仅能展现强烈的个人魅力,还能拓展我们的社交圈。而在朋友属性的互相转换中,我们自身往往也就会跟着发生一些意想不到的改变。

第九章
你是操控金钱,还是沦为金钱的奴隶

在西方,金钱被看作是上帝抛给人类的一条狗,既可以逗人,又可以咬人。这足以说明金钱的两面性。是天使还是魔鬼,不在于拥有多少,而在于运用的方式。在当今"个人理财"日益被重视的时代,"财商"不再只是一个概念,它已经被越来越多的人认为是改变自己、实现成功人生的关键。简单地说,"财商"就是一个人控制、驾驭金钱的能力。

君子爱财,取之有道;用钱有节,集散有序。只要不陷于金钱的泥潭无法自拔,不被它夺走我们本应有的笑容和闲暇,就可以轻松地驾驭这个忠心耿耿的仆人,拥有本就美好的生活。

第十章

你是算计风险,还是逃避机会

古语有言:"世之奇伟、瑰怪、非常之观,常在于险远。"而若要抵达险远之地,所冒风险就会相对增加——但同时,成功的机遇也就成倍地增大。

在这个变幻莫测的世界上,没有一条万无一失的成功之路。若只是故步自封,拘泥于比较和算计中,就如同井底之蛙。只有那些不满足现状、勇于挑战自我的人,才会开拓出一片新奇的土地;同时,收获到意想不到的机遇。

第十一章

有一种舍弃,是人生优雅的转身

取,便是一杯清澈的水,只那一杯,便无须再希冀天上的银河;舍,就是一抖背上的重负,只那一抖,便使你我得以仰望浩瀚的蓝天。其实,人生本就是一个不断得而复失的过程,就其最终结果而言,失去比得到更为本质。在这一取一舍之间,我们便改变了自己的高度,而生命也得到了无限地升华。

对自己不越位,对他人不强求,如此才会在一个又一个优雅的转身中走出从容的人生。

第十二章
你不勇敢,没人替你坚强

海明威说:"世界击倒每一个人,之后,许多人在心碎之处坚强起来。"成功者不在于跌倒的次数有多少,只在于总是比跌倒的次数多站起来一次;不在于没有失败,只在于决不被失败所击倒。

只有在经历了痛苦与折磨后,我们才能真正成熟起来;只有超越了痛苦,才能真正成就自己。

第十三章
不断进取，从平凡到卓越的升华

生命本身就是一个不断进取的过程。进取人生，就是把人固有的发展需求尽可能地释放出来，在发展中找到自己的价值以及生存的意义。

在高速发展的今天，我们每时每刻都面临着各种机遇和挑战。所谓"逆水行舟，不进则退"，只有上下求索、积极进取，方能在不断的超越中展现生命的辉煌。

第一章
没有糟糕的未来，只有糟糕的心态

一句"没有失败的人生，只有失败的心态"仿佛喊出了这个时代的主旋律。很多事情本身并无所谓好坏，全在于当事者如何看待。可以说，我们的心态就是自己真正的主人。

人与人之间本没有太大的区别，造成差距的根本原因就是心态。心态决定思维，心态决定行动，心态决定一个人的未来。人生并非只能有无可奈何去接受这一种可能，而完全可以凭自身主观努力去把握和调控——心态就是我们调控人生的控制塔。后天培养的属性决定了每一个人都可以通过修炼自身的心态来成就我们的事业，改变未来的人生。

蝴蝶还是毛毛虫？目标决定未来

在一个建筑工地上有 3 个泥瓦工，被问及到"你在干什么"这同一个问题，却有不同的回答：

第一个工人头也不抬地说："我在砌砖。"第二个工人抬了抬头说："我在砌一堵墙。"第三个工人热情洋溢、满怀信心地说："我在建一座殿堂！"

10 年后，第一个工人成为了一名这个手艺行当里的老师傅，只不过他仍然是一个砌砖的泥瓦匠；第二个成为了这个建筑工地的工长，因为他心中有一堵墙；而第三个人，已然是当地赫赫有名的建筑公司的老总，因为当年的他心中，装有的是一座殿堂。

如果我们认为眼下正在做的是一件不值得做的事情，往往就会抱着敷衍了事的态度。而结果不仅获得成功的可能性小，而且即使其中偶得进展，也不会体会到由衷的成就感。这就是著名的"不值得定律"，意即：不值得做的事情，就不值得做好。

实际上，这个定律也恰恰印证了老子说过的一句话："重为轻根，静为躁君。轻则失根，躁则失君。"一个人如果没有人生的抱负和追求，就不会懂得"重"与"静"的道理，就会成为生活中须根的浮萍。

人生的未来就像一座大厦的落成，最终的高度取决于最初的"想要"，那就是我们每个人都拥有的梦想、希望和目标。当我们心中有了目标，就会有奋进的勇气，就不会迷失行进的方向。一个目标实现后，接着实现另一个目标，不断地在挑战与跨越中前进。曾经的梦想实现后，又抱着新的梦想，不断向更大的目标努力迈进。

要想拥有更高远的未来，我们不妨把目标定得高远些。伟大的目标是推动人们前进的动力。对此，林肯认为："喷泉的高度不会超过它的源头，一个人的事业也是这样，他的成就决不会超过自己的信念。"

一个看不到远方的人往往会失去希望，有了远方也就有了人生追求的高度，而人一旦有了追求，远方也就不再遥远。没有目标的无聊和空虚是怎样也无法让我们体会到谋求成功的幸福的。

1952年7月4日清晨，加利福尼亚海岸被一片浓雾所笼罩。隐约可见的是在海岸以西21英里的卡塔弗纳岛上，34岁的费罗伦丝·查德威克已经为下水到太平洋中，向加利福尼亚海岸游去做好了准备。要是成功了，她就是第一个横渡这个海峡的妇女。在此之前，她已经成为了从英法两国海岸游过英吉利海峡的第一位妇女。

清晨的海水冰凉刺骨，费罗伦丝被冻得全身发麻。浓浓的雾气甚至让她连护送她的船只都看不清楚了。她在汪洋大海中一小时一小时不停地向前游着，有几次靠近她的鲨鱼被工作人员开枪吓跑了，而周围却仍然是了无人烟，除了浓雾，她已经看不到最终的那个目标了。

刺骨的水温在挑战着她的体能极限，15个小时后，又累又冷的她知道自己不能再继续了，便向护送船只求救。她的亲人和教练在另一条船上大声地告诉她已经离加利福尼亚海岸很近了，鼓励她不要放弃。可是，此时的费罗伦丝眼前除了茫茫雾气之外，看不到任何标志。

几十分钟之后，从她出发算起15个小时零55分钟时，人们把她拉上了船。当她逐渐感到恢复温暖的时候，巨大的失败感也从天而降。她不假思索地对记者说："说实话，我不是为自己找借口，如果当时我看见陆地，也许我能坚持下来。"

可实际上，她被拉上来的地点离加利福尼亚海岸只有半英里！事后费罗伦丝表示，令她半途而废的不是疲劳，也不是寒冷，而是因为她在浓雾中看不到目标。

心中没有目标的人，终究只能是个平凡者；反之，一个充满梦想和目标的人，则会成为创造历史的伟大者。目标，永远在技巧和方法前面。一个人如果一开始就不知道他要去的目的地在哪里,就永远到不了想去的地方,也就永远实现不了目标。

目标对于成功,犹如空气对于生命,没有目标的人是不可能成功的。每个人都应该有一个能够让自己信服且为之奋斗的目标,这个目标并不一定是一个确定的值,甚至对于现状而言它可能还很遥远;但若懂得如何看待,它便不再遥不可及,而会成为我们奋斗的发动机和导航仪。

随着梦想的实现,我们就会明白成功的意义。没有伟大的目标,人生就没有瞄准和射击的对象,就没有更加崇高的使命给我们带来希望。道格拉斯·勒顿说得好:"你决定人生追求什么之后,你就做出了人生最重大的选择。要能如愿,首先要弄清你的愿望是什么。"

有了目标的我们就会有一股勇往直前的冲劲,往往能取得超越我们自身能力的成就。要想拥有不一样的未来,就先从不一样的梦想开始改变,正如那句话所说:伟大的目标决定了伟大的成就。

冲破"不可能"的铜墙铁壁,才能凤凰涅槃

飞机扫雪,这听起来更像是痴人说梦,却被美国电信公司经理奥斯本变成了现实。从此,困扰多年的积雪压断电线、影响通信的大难题被解决了。

一件完全不可能的事情竟然变成了生产力,成为解决困扰多年难题的良策。这让我们不禁想起了美国西点军校对学员的基本要求:"不找任何借口"。它忽略了理由的合理性,强调对于任何任务,每一位学员要积极动脑,想尽一切办法,拼尽全力去完成。也就是说,没有什么是不可能的。

其实,人类社会的进步史就是一部从不可能到可能,再从可能到现实的不断创新的历史。6000年前,坚利的铁器会取代手中的石器被人们视为不可能;

1000年前，一种粉末（火药）会造就一个新时代也被人们断然否定；500年前，水蒸气会推动生产力的飞速发展仍然被人们嗤之以鼻；100年前，人类会实现飞天梦想让更多的人感到是异端邪说；50年前，人们大都还不太敢想计算机会极大拓展人脑的功能……而今天，所有这些在先人眼中的"不可能"，都已经成为我们现实生活中寻常可见的事情了。

人生没有不合理的目标，只有不合理的期限。世界上所有的成功人士都有一个共同特点，那就是敢于向不可能挑战。

日本保险女神柴田和子，创下了在一年之内发展804位业务员的惊人业绩。1988年，更是创造了世界寿险业绩第一的奇迹，荣登吉尼斯世界纪录。此后她逐年刷新的纪录至今仍然无人打破。她冲破了"不可能"的铜墙铁壁，谱写了辉煌的人生。

埃里森向"不可能"发出挑战，连续20多年向比尔·盖茨写下战书。在他的领导下，甲骨文公司1999年的销售额突破100亿美元，赢利超过30亿美元，一年内增长了40%。2000年9月，公司市值达到1840亿美元。而埃里森在《财富》杂志本年度富人排行榜上跃升到第二位，在向不可能挑战的强烈企图心的驱使下，埃里森的财富增长速度之快是让人始料不及的。

在这个社会中，大多数人都渴望成功，但前进的道路上却充满了意外，没有人会轻松地如愿以偿。然而，只要我们对生活依然热爱，对成功依然渴望，就不必惧怕穷困潦倒，不必惧怕济济无名，甚至不必惧怕飞来横祸，因为没有什么是不可能的。或者说，只有冲破了"不可能"的铜墙铁壁，才能得到凤凰涅槃的重生。就如同《当幸福来敲门》里的主人公威尔·史密斯一样。

这是一部典型的励志影片，威尔·史密斯作为一位人到中年而又投资失败的父亲，一心想要改变自己的生活。踌躇满志的他决心投身瞬息万变的股票证券业，但很快就遭受了沉重的打击——多年来积累的家底被迅速耗尽，连自己的房子也被银行抵押。失望的妻子琳达为此甩手离去，只留下5

岁的儿子克里斯托弗。可以说，除了可爱的小儿子，他一无所有。

从此，威尔·史密斯与儿子开始了相依为命又十分艰难的生活，颠沛流离、风餐露宿。甚至最潦倒时，父子俩不得不在火车站的澡堂里捱过漫长的黑夜。

但是，即使在如此惨淡的情况下，威尔·史密斯也没有颓废过，他怀着渴望成功的决心和技巧，在儿子的鼓励下更加坚强地奋进，并迸发出了惊人的斗志。从投资失误到转行失败至倾家荡产，再到他努力奋进获得成功，每一次的转变都充满了辛酸与无奈。在历经多次挫折之后，终于他从一个穷困潦倒、寂寂无名的投资经纪人变成了世人瞩目、人人景仰的百万富翁。

面对生活中不断的意外，我们应怎样在困境中怀抱不灭的希望，如何将糟糕的局面转变为最好的发展，《当幸福来敲门》这部影片可以告诉我们"没有不可能"的力量。

前新西兰总理詹尼弗·希普利曾说："脑子里的奇思妙想，哪怕是很模糊的，也不要轻易放过任何一个。因为，很多事情都是从不可能到可能的。"她在任职期间，一直积极推进新西兰经济的改革进程，先后领导了社会福利、国家养老金计划和大众健康制度的改革，参与了缩减政府部门规模、引入透明办公机制的工作，还负责了一系列国有企业私有化、意外事故赔偿、为奥克兰机场及一些能源公司筹款等事务。这些改革举措最初看起来都是不可能的事，但在她的领导下一一变成了现实。

创造发明也好，社会改革也罢，都会遇到方方面面的难题和困境。更多的是存在于生活中那些看似不可思议、无法办到的事。但事实上，只要调整一下思维方式，换一种处世心态，往往就会得到不同以往的答案，使"不可能"变成"可能"。可以说，我们正是在不断否定"不可能"中获得了更大的思想自由。

所以，要想有所改变、有所创新，就应勇敢地把目光投向身边许许多多的"不可能"，打破旧有的樊篱，积极地付诸行动。这样，才可能有朝一日创造出"重生"的奇迹。

永远不放弃自己

在那个医疗物资极度匮乏的年代，省立医院同时接收了两名患者，都被怀疑患有肺结核，特意来做检查。

几天后，结果出来了。但没想到的是在拿取化验结果的时候，两张化验单被两个人拿反了：那个实际上只是由于感冒而咳嗽的人拿到的化验单上写明了肺结核的检验结果，而另一个真正得了肺结核的人却给填上了因感冒呼吸道轻度感染。

两年以后，真正患肺结核的病人不治而愈，而那个没有得肺结核的人因过度担忧而导致免疫力下降，真的被感染上肺结核而最终去世了。

那个本来只是上呼吸道感染的病人，是他自己放弃了自己；而那个真正患有肺结核的人却因没被确诊而换上了轻松乐观的心态，自己治愈了自己。两种不同的心态却导致了两个完全相反的结局。

自卑的人总觉得自己在任何方面都无法和别人相比，因此形成了一种"甘于落后"的潜意识，从而指导了他们的思想就真的不抱希望，不去努力，而事态的发展自然也会越来越消极。

其实，自卑感的产生不是来自"事实"或"经验"，而是来自我们对事实的结论与对经验的评价。比如说"你是个举重不行的人或跳舞不行的人"，但我们要分辨清这并不是说你是个"不行的人"。这完全取决于我们在用什么标准来衡量自己，拿什么人的标准来衡量。

关于自卑，著名的奥地利心理分析学家 A.阿德勒在《自卑与超越》一书中提出了富有创见性的观点："人类的所有行为，都是出自于'自卑感'以及对于'自卑感'的克服和超越。"

阿德勒认为人人都有自卑感，只是程度不同而已。他自己就有过这样的体会：上学时，阿德勒曾一度不擅长数学，成绩一直不好。在老师和同学的消极反馈下,强化了他数学低能的形象。直到有一天,他出乎意料地发现自己竟能做出一道连老师都感到棘手的题目,才成功地改变了对自己数学低能的认识。

可见,环境对人的自卑感的产生有不可忽视的影响。但同时,我们每个人所要克服的最大敌人就是自卑。自卑感是人类在其成长过程中无法避免的绊脚石。任何人的能力都会有所不足,因而也就易产生自卑;为了克服自卑,便会努力奋斗。

生活中,有太多因为自卑而阻碍自身正常发展,从而在不幸中虚度一生的人。长期被自卑感笼罩的人,不仅自己的心理活动会失去平衡,心理上的变化反过来也会影响生理变化,加重他的自卑心理。所以,要想获得全新的自我,就应该尽力挣脱束缚自己的自卑绳索,打开自卑的枷锁。要知道,困境可以把我们击倒,却不能将我们打败——只要我们不放弃自己,不抛弃生活。

马修是个事业如日中天的妇产科医师,但往往上帝总是会和一些远近闻名的人物开一些恶意的玩笑。

灾难发生在一次滑雪中,马修因此失去了右手,也就是说,他引以为豪的事业就此停止了。"未来和右手,一起在滑雪坡上摔得粉碎。"马修悲伤地说,"没有了右手,我失去了人生目标。我的父母都是医师,我继承了他们的遗志,我热爱我的职业,我不想改做其他的工作,也没有从事其他职业的能力和兴致。但我现在已经完了,我不再有前途、不再有快乐、不再有梦想。"

但霉运似乎并没有因此而停止。两个月后,他的妻子被诊断出患有子宫癌,必须马上手术。马修说:"我想逃离现实,我想放弃一切,但为了3个还在求学的孩子,还有我亲爱的太太,我无法逃避。"虽然他倾其全力地去寻找一个他能干的工作,但即使像法医这样和医学沾边儿的工作,也不得不花上几年的时间去重新学习。然而,他的太太需要有人照顾,孩子需要他的抚养。一时间他几乎陷入了绝境。

就在马修几近要放弃的时候,妻子的身体逐渐好转,他们来到一个小岛上度假。夫妇俩在海滩上深情地交谈，一如初恋时那般美好。这让马修恢复了以往的平静，认真地思考了自己的来路和要面对的现实。他感到奇迹突然间就发生了——既然自己离不开医学，不如选择一个两全其美的方法：教书。

抱着这样重新开始的想法，马修找到了以前非常欣赏他的教授。教授对这个杰出的学生记忆犹新，也很同情他现在的遭遇。两周后，马修得到了妇产科副教授的空缺。教授问他是否有兴趣，马修整个人愣住了，他没想到他的祈祷这么快就应验了，于是不假思索地接受了这个工作。

马修不仅有丰富的临床经验，而且是一个尽职尽责的教师，他很快就喜欢上了自己的新职业，并从教导学生中得到了成就感，这种感觉丝毫不比当初他做医生时逊色。"当我看到我的学生毕业进入社会时，就好像过去看到新生儿诞生那么高兴。"

噩梦不会长久地存在，雨过天晴后的阳光告诉我们，上帝的考验并非是要让人得到无谓的痛苦，而是要让人们在痛苦中更能体会到生活的幸福。

在面对突如其来的打击时，哭泣是常有的事，而哭泣过后的态度则是不尽相同。正如海明威所说："世界击倒每一个人，之后，许多人便在心碎之处坚强起来。"成功者不在于跌倒的次数有多少，只在于总是比跌倒的次数多站起来一次；不在于没有苦难，而是在苦难中从不放弃。只要不放弃自己，世界就从来不曾离我们远去；而转机往往也是在坚持的过程中悄然而至。

做命运的设计师，抛开别人的眼光

"你以为我贫穷、低微、不美、矮小，我就没有灵魂也没有心吗？你错了！我跟你一样有灵魂，也同样有一颗心！要是上帝曾给予我一点美貌、大量财富的话，我也会让你难以离开我，就像我现在难以离开你一样。我现在不是用血肉之躯跟你说话，就好像我们都已离开人世，一同站在上帝面前，我们是平等的！"

这段震撼亿万人心灵的肺腑之言，是生长在卑微环境下的简·爱所说。她的出身平凡得犹如野百合，却爱上了名门之后且十分富有的英国上层社会的绅士罗切斯特。一方面她深知他们彼此之间的差距，另一方面简·爱又抛开了旁人的眼光，始终坚定着自己心中的这份信念：出身不能阻碍真爱，要勇敢地面对自己的感情。

她的正直、高尚与纯洁，使罗切斯特先生感到自惭形秽，并深深感动，且对简·爱肃然起敬。

当面临人生的十字路口时，有人徘徊，有人决绝；有人半途而废，也有人勇往直前。在抉择前，是坚持自己的方式，还是被扼杀在别人的目光下？我们可以参照别人的方式、方法、态度来确定自己的行动方略，但万不可生活在别人目光的阴影下。

每个人都应该有自己的生活方式与态度，都应该有自己的评价标准。如果为了取悦他人而一味地满足他人的价值观，那个真实的自己就会逐渐离我们远去。一个活在别人标准和眼光之中的人是痛苦而悲哀的，他们从来都不曾体会过由自己亲手设计命运的快乐。可以说，只有全面而真实地活出自我，才不会盲目和迷失，才不会被他人的目光一层一层缠绕窒息。

意大利著名影星索菲娅·罗兰，自 1950 年从影以来已拍过 60 多部影片，她的演技炉火纯青，曾获得 1961 年度奥斯卡最佳女演员奖。但外界对她的评论向来都是褒贬不一的。

索菲娅·罗兰16岁时怀着一腔对演员梦的热情,只身来到罗马。但从一开始,她的从影之路就不太顺利,许多不利的声音总是伴随耳边。用她自己的话说,就是她个子太高、臀部太宽、鼻子太长、嘴太大、下巴太小,根本不像一般的电影演员,更不像一个意大利式的演员。虽然制片商卡洛看中了她,带她去试了许多次镜头,但是摄影师们都抱怨无法把她拍得美艳动人。

于是索菲娅被告知如果真想干这一行,就得把鼻子和臀部"动一动"。然而,自有主见的索菲娅断然拒绝了这样的要求。她说:"我为什么非要长得和别人一样呢?我知道,鼻子是脸庞的中心,它赋予脸庞以性格,我就喜欢我的鼻子和脸保持它的原状。至于我的臀部,那是我身体的一部分,我只想保持我现在的样子。"她坚信,要想登上演艺高峰,决不是靠外貌,而是要凭借自己内在的气质和精湛的演技。

索菲娅没有因为别人质疑的目光而停下自己奋斗的脚步。最终她成功了,那些有关她"鼻子长、嘴巴大、臀部宽"等等的议论都"止息"了,这些特征反倒成了美女的标准。在20世纪行将结束时,索菲娅被评为这个世纪的"最美丽的女性"之一。

索菲娅·罗兰在她的自传《爱情与生活》中这样写道:"自我开始从影起,我就出于自然的本能,知道什么样的化妆品、发型、衣服和保健品最适合我。我谁也不模仿。我从不去奴隶似的跟着时尚走。"

人们总是习惯以一个人的外形作为先入为主的评判依据,却忽视了内在。要想成为一个独立的个体,就要坚强到能承受来自各方面的各色眼光。我们当然不能要求每个人的眼光都与自己相同,所以只要一心想着我们期望达到的目标效果即可,而不必过于顾虑来自周围各式的议论。等功到自然成的时候,议论自然也就止息了,而质疑的目光也会因此而改变。

如穿衣一样,生活中,我们也不能总是随着别人的目光而变来变去。所谓"众口难调",大千世界,每个人的喜好都不尽相同。将自己的生活放置在别人的标准和目光中,相对于短暂的人生而言,该是怎样的一种悲哀和痛苦。

很多时候,我们内心的满足来自于别人目光折射回来的色彩基调:当世人投以羡慕的眼光时,我们便因感到自己是幸福的而倍加满足。可是,当我们把"别人的目光"作为终极目标时,就会陷入物欲设下的圈套。如同童话里的红舞鞋,漂亮、妖艳而充满诱惑,一旦穿上它便再也无法脱下。我们疯狂地转动舞步,一刻不停,尽管内心充满疲惫和厌倦,但脸上依然还要挂着幸福的微笑。当在众人的喝彩声中终于以一个优美的姿势为人生画上句号时,才发觉这一路的风光和掌声带来的竟然只是说不出的空虚和疲惫。

我们提倡行动,但不是为了去迎合他人,而是为了描绘自己命运的画布。别人的目光纵有千千万,也比不上对自我心灵的诚实。包括父母在内,没有任何人可以成为自己人生舞台的设计师,而这本身也就涵盖了我们对自身的改变。

要想出人头地,就要坚持到底

英国前首相丘吉尔不仅是一名杰出的政治家,而且是一位著名的演说家。他人生中的最后一次演讲仅仅持续了 20 秒钟,而他只说了两句重复的话:"坚持到底,永不放弃!坚持到底,永不放弃!"

丘吉尔一生十分推崇坚持不懈的精神,他认为人生如同一场极其漫长的马拉松比赛,大多数人一齐起跑,而最终能跑到终点的人实在是没有什么秘诀可言。如果真有的话,也无外乎两点:第一就是坚持到底,永不放弃;第二点就是,当你想放弃的时候,回过头来看看第一个秘诀:坚持到底,永不放弃。

每一个成功的人都知道,成功并不是一个简单的过程,它需要不断付出艰辛的努力。但只要坚持到底,必能采摘到胜利的果实。

的确,平凡还是卓越,这是一个问题;而问题的纠结点就在于能不能挺住这一会儿,再坚持一下。可是往往坚持的姿态并不怎么好看,它常常让我们显得卑躬屈膝。这就需要我们从原有的气宇轩昂和慷慨陈词中进行改变,以一副艰难的身姿踽踽独行,维持着自己的不屈形象。

歌德曾说:"只有两条路可以通往远大的目标:力量与坚韧。力量只属于少数得天独厚的人;但是苦修的坚韧却艰涩而持续,能为最微小的我们所用,且很少不能达成它的目标。"历史如大浪淘沙,自将磨洗:是坚持,让刘禹锡历经了"23年弃置身"的悲苦后,终修炼成"出淤泥而不染"的清莲;是坚持,让苏子瞻身陷"乌台诗案"而坚持写出"老夫聊发少年狂";是坚持,让柳永全然不顾衣带渐宽而流下了千古佳话。曹雪芹举家食粥却坚持写下了不朽的《红楼梦》;欧阳修年幼丧父而笃学成材;匡衡家境贫寒而坚持凿壁借光,终成大学。圣贤们用亲身经历向我们诉说了一个真理:坚持,意味着对自身固有属性的改变,也往往从中得到了历练和提升。

是的,能坚持下来是件极不容易的事,但也是达到终极目标最有力的支撑。鲁迅先生就非常赞赏虽然是最后一个但仍然要坚持跑到终点的人。这样的人在赛程中自然不会被荣誉的光辉所笼罩,但往往却是最能鼓舞我们这些追求卓越的人。其实,如果能以这样的竞技状态来应对日常所有平淡无奇的生活,这本身就是一种奇迹。

鲁迅先生正是以坚韧不拔的精神和意志体现了他"民族脊梁"的价值。只要目标一经确定,对于任何事情,他总要彻底地弄清楚并完成它不可。所以他说:"每作一文,不写完就不放手,倘若一天弄不完,则必须做到没有力气了才可以放下,但躺着也还要想到。"

鲁迅先生从1912年5月25日开始写日记,每年一册,一直到逝世为止,一共写下了25册日记,共约150万字。

在25年的漫长岁月中,鲁迅先生先后迁居北平、上海、广州、厦门等地,并多次出走逃难,过着潜伏、隐匿的生活,但他却一天也没有停止过写日记。即使有时因生病或意外的事情被迫中断了,过后也要续补。

可以想象,能够25年如一日地坚持写下洋洋洒洒150万字的日记,是需要怎样坚韧不拔的意志力!

意志的坚毅,需要不断地超越自己。因为站得越高的人,看得越远,其心胸越开阔、气度越恢弘、视野越宽广、斗志越昂扬,其实现人生成功的动力也就越强大。所以,一个具有坚毅品质的人,将无往而不胜。

荀子说:"骐骥一跃,不能十步;驽马十驾,功在不舍。"即使一匹腿力并不强健的劣马,若它能坚持不懈地拉车,照样也能走得很远。它的成功在于无论远近或险阻,即使是踽踽独行,也从未停止过努力向前,也就是坚持不懈。

或许我们不知道要走多少步才能达到目标,即使踏上第一千步的时候,仍然有可能遭到失败。但成功就藏在拐角后面,除非拐了弯,我们永远不会知道还有多远。再前进一步,如果没有用,就再向前一步。事实上,每次进步一点点并不太难,只要坚持不懈,就一定能够获得成功。

锲而舍之,朽木不折;锲而不舍,金石可镂。河蚌忍受了沙粒的磨砺,坚持不懈,终于孕育出绝美的珍珠;铁剑忍受了烈火的赤炼,坚持不懈,终于炼就成锋利的宝剑。在坚持中,必有挣扎与决裂,必有忍耐与克服;改变了自己,也就让自身的价值得到了从平凡到卓越的升华。

让积极的思维带着心态一起转弯

一次,美国总统罗斯福的家中被盗了。消息传出后,亲朋好友纷纷前来安慰他。

但罗斯福似乎并没有把问题想得那么严重,他反而劝慰亲朋说:"对于我来说,这实在是一件值得庆贺的事。第一,他只偷去我的财产,而没有要我的生命;第二,他偷去的只是我的部分财产,而不是全部;第三,做贼的是他,而不是我。"

有时,我们的心境更像是一面哈哈镜,投入的影像经过心门的起承转合后被我们人为地改变了。想来,这也是为何面对同样的景象,有人悲哀有人喜悦、有人咒骂有人感恩的原因。如果我们也能像罗斯福那样转变一个角度,凡事多往好处想,那么沉重的悲剧也有可能完全转化为轻松的喜剧。

我们经常受思维惯性的支配,总觉得改变自身是一件极其困难的事。但若能学会换位思考,从不同的角度看问题,那么许多令人震惊的景象将会依次出现。从而比较容易地改变心态,将观念扭转到有利的方向。

人活一世,会遇到许许多多的烦恼。乐观者在面对烦恼时,总在心中做一个更坏的假设来和事实对比,因而他们总是能看到更好的一面;而悲观者总是觉得今不如昔,所以烦恼就会很多。

与其愁苦自怨,倒不如换一个角度,凡事多往好处想,心情自然也就会跟着转变。凡事多往好处想,就其本质来说不是权宜之计,而是一种积极的人生态度。抱有这样心态的人往往都能把握住命运的主动权,坚信自己的力量,坚信阳光总在风雨后,坚信明天会更好。

如此,虽然从事实上来讲,也许不能改变客观事物本身,但却可以引导我们转换视角,改善个人的精神状态。以积极的态度对待不幸,不但可以将不幸造成的损失或带来的不良后果降到最低,甚至有可能影响事物发展的方向,改变自己的不利处境。

有一个人虽然一向健康良好,但也曾在2005年出现过一次"身体危机"。一天晚上,他一如既往地工作至很晚,突然感到胸口不适,呼吸困难。幸亏抢救及时,做了心脏支架手术才得以康复。

就在他情绪十分低落之时,接到了表哥的电话,出乎他意外的是,表哥的第一句话便是:"祝贺你!"

他顿觉莫名其妙,随即感到有些怨愤。他心想,我这么倒霉,还有什么好祝贺的?

没想到表哥接着说:"我之所以祝贺你,第一是因为你这个病没有发生在出差途中,可以及时地到医院就医;第二,梗塞的只是很小的一段血管,不是重要部位;第三,这件事正好给你一个警告:要注意身体了!"

听完表哥的这段解释,他豁然开朗。从此,他格外注意劳逸结合,饮食平衡;改掉了爱发脾气的毛病,学会了控制自己的情绪。几年以来,身体状况一直很好。没想到,"倒霉事"却变成了"好事"。

哈佛大学的詹姆斯教授指出,细如发丝的想法常常能在很大的程度上改变一个人的思维模式。无论是好的想法还是坏的想法,总能在大脑中留下它的痕迹。每个反复出现的想法总是试图强化一种思维习惯。所以如果我们的脑子里充满了不怀好意的消极念头,那么良好的性情也就无从谈起了。

另一方面,不要妄想可以直接铲除一个缺点或一种消极的心态,而应该努力培育与阴影所对立的阳光。坚持积极的,其他相反的思维和心态自然就会逐渐消亡。

要相信,我们很容易成为自己心目中所希望成为的那种人。不断地努力和追求那些更美好、更尊贵、更崇高的事物,那我们自然也会不断取得进步。心中的抱负总会在人生过程中得到展现,然而这种抱负是取决于我们的认知水平的。所以，要想有所改变，就应该从是否有利于成功的角度来看问题，而不应盲从世俗对是非好坏的评价。

　　凡事多往好处想，心中便是一片朗朗晴空。所谓境由心生，思维方式的差别，给人们带来的影响有时候会大不一样。而且，一旦养成了"往好处想"的思考习惯，便会逐渐形成一种暗示与想象的力量，从而调节身体、改变心态，行为的转换自然也就慢慢形成。

第二章
只踩着别人的脚印走，永远发现不了新的路

　　"上帝创造人类，人类创造历史。"任何新事物的产生都是对已有事物的否定，都是一种突破、一种创新。成功之路千千万，但在一条"走的人多了"的路上向前跑，不如选择没有脚印的路。或许孤寂，却会给我们带来更多的发展空间。若想获得事半功倍的改变，另辟蹊径就可以称得上是一条捷径。

创新，让你的路永远比别人多一条

一部《红楼梦》，成就了不朽的曹雪芹，造就了独特的"红学"。一些聪明的人就从"红学"中悟出了商机。

根据《红楼梦》书中对食品糕点的描写，北京糕点食品公司动起了生产"红楼糕点"的脑筋。不出所料，红楼糕点刚一上市就引来消费者的争相购买；而海外旅游者也将红楼糕点视为必购的馈赠佳品。

北京糕点食品公司依靠"无中生有"的创新意识抓住了商机，生意越做越红火。

红顶商人胡雪岩就曾说过："世界上只有想不到的事，没有办不成的事。"世界巨富比尔·盖茨认为：可持续竞争的唯一优势来自超过竞争对手的创新力！"创新思维"一词已逐步成为近年来使用频率最高的词汇之一，这意味着在人们日常的生产生活中，创新越来越起到举足轻重的作用。

时至今日可以说，我们已身处在一个创新的时代中，人类的创造力正在比以往任何时候都更快地向前发展着。全球经济一体化、信息时代的到来，"知识爆炸"，新的职业、新的经营方式以前所未有的速度不断产生，人类的思维方式、经营方式和工作方式也会随之发生变化。无论是个人还是团体，在这个充满变化、日新月异的社会中，要想生存，就必须走出一条新路。正如西方学者所抛出的那句直接的口号：要么创新，要么灭亡！

如何发展创新思维，直接关系到我们的事业是"死"是"活"。只有创新才能"救活"自己的非常思维和才智，从而激活自己全身的能量。换句话说，只有创新思维才能把握住工作中所遇到的新机会，才能对旧有的问题提出新的解决方案。

在发明钟表之前，人们常用一种叫沙漏的东西来计时。所谓沙漏，就是在一个上下粗大、中间细小的容器内装入一些沙，让沙子从上往下漏。根据下漏的多少，便能看出时间过去了多久。而后随着钟表的发明，这样的计时器早就退出了世界各国的市场。

很多年前，日本有一个从事制作沙漏玩具的人叫西村金助。他把沙漏作为一种玩具或生活装饰品出售，刚一推出时还获得了不小的反响。但随着各种各样玩具的增多，这种沙漏玩具就很少能吸引住顾客的目光了，销量也就越来越少，西村金助的沙漏制作便陷入了困境。

一次偶然的机会，西村金助从一本关于赛马的书上看到这样一段话："在今天，马虽然已经失去了它的运输功能，但在赛马场上它却又以具有高娱乐价值的面目出现。"这使他不由地联想到自己的沙漏，由此受到极大启发。他决心再从另外的角度挖掘沙漏的商业价值，力图找到新的用途。

西村金助一连几天的冥思苦想终于让他想出了沙漏的一种新功能：制作限时为3分钟的小沙漏，将它安放在电话机的旁边。这样，打电话特别是打长途电话时，便能更好地控制时间，以节约电话费用。同时，由于它小巧玲珑、精美可观，不打电话时也可以作为一种小摆设和装饰品。这种简单、价廉、美观、实用的小沙漏，一上市就销路大好，一个月的销售量竟达几万个。这一出乎意料的大收获不仅使西村金助收入甚丰，而且大大激发了他的创新意识。此后，他不断从新角度审视旧事物，在开发老产品的新用途方面取得了越来越多、越来越大的成果。

在我们的生活中，那些看似平凡甚至陈旧过时的事物中往往蕴涵着复杂和创新的因子。只要我们善于推陈出新，就会抓住化腐朽为神奇的契机。要想创造出更多的机遇，就要注重培养创新意识，善于打破常规，从别人容易忽略、不屑一顾甚至是被人遗忘的地方寻找突破口，善于变废为宝，为己所用。

著名教育学家陶行之先生说："人类社会处处是创造之地，天天是创造之时，人人是创造之人。"有了这样的先导，我们就没有理由整天埋怨自己的头脑不够灵活或是找不到机会了。大量研究确凿地证明，每一个人都蕴藏着无限的潜在创新力，重要的是如何认识"我能创新"这一关键词。创新思维的开发受后天的诱导和教育，生活环境特别是本身努力的程度和方式起着很大的作用。只要认真培养与开发自己的创新思维，就可能收到意外的效果，这在任何一个领域里都被无数事实所验证。

美国史密森尼天文物理研究所在编写出版星象目录时，一批只有编号而没有命名、肉眼根本无法看到的小星星引起了工作人员的注意。这些尚未被正式命名的小星星足有25万颗，除了载入史册以备研究之外，还有什么其他可以做的吗？

有！在创造性思维的引导下，一个惊天动地的创意产生了。该所打出了这样的广告："您想让您的名字永垂宇宙吗？您想让您爱侣的芳名辉映星空吗？您想让您亲友的英名永驻天际吗？250美元便能使您如愿以偿。"该所办起了公司，做起了专售星星的买卖。任何人只要花250美元就可以得到"星象命名公司"的一张星座图，知道天上哪颗星星属于自己，而且还有一份正式的登记表。

这对于一些富人，哪怕是手头并不紧张的普通人来说，也真是个天大的诱惑。而实际上，天文物理研究所的工作人员所须付出的却很有限。可以说，就是创新性思维为他们带来了可观的财富。

创新思维就是我们在创新活动中，通过创新行为表现出来的各种积极心理特征的综合，它是影响创新成果数量和水平的重要因素。其实，我们每个人的心中都关着一个等待被释放的精灵。而我们本可以有无限的潜力来表达自己的想法，只可惜大部分人只挖掘并使用了极少的一部分。

当我们越懂得如何运用自己的潜力，就越能唤醒创意精灵的自由飞舞。在前进的道路上，我们每个人都是投石问路者，或难或易、或明或暗、或悲或喜，仿佛在一个个"陷阱"之中不停地挣扎。此时，只有用有效的创新擦亮思维的火花，才能求得更好的发展和变革。培养创新意识，就等于有了拒绝平庸的思维；抓住创新思想，终究会在改变中赢取更大的胜利。

换个思维看自己，扬长避短才容易改变

法国近百年来最年轻的首相梅杰47岁时就登上首相宝座，一时间被世人所瞩目。人们发现青年时期的梅杰并无任何过人之处，甚至在16岁时因成绩不好而退学。后来曾去报考公共汽车售票员，又因心算成绩太差而未被录取。

对此，有人发出质疑："一个连售票员都不能胜任的人，怎么能当首相？"

梅杰不带任何情绪，和气却坚定地回答："首相不是售票员，用不着心算。我知道自己的长处在哪里，这恰好在做首相时可以发挥到最好。"

人生的诀窍就在于经营自己的长处，扬长避短才能让我们得以升值。大凡成功者，他们大都是因为掌握了自己的长处，并加倍强化了这种优势；完全投入到自己所擅长的项目之中，将这种富有特长的兴趣爱好发挥到极致。

如果没有取得什么成就而又确定并非是自身能力不够，那么就要换一种思维重新审视一下自己，看看当下所做是否真正适合自己。我们不妨定期地认真思考诸如"我是谁""我适合做什么"这样的问题，不断深化自我认识和自我把握。一个不清楚自己长处与短处的人，又怎么能把扬长避短运用自如，又如何能够树立目标并为之努力呢？

其实我们每个人所拥有的才能都是独特的，每个人的优点才是能让自己成长空间最大的地方。正如富兰克林所说："宝贝放错了地方便是废物。"甚至一个人的成功不是因为改变了自身的缺点，而是因为他把自己的优点发挥至最大程度。

比如在商界，有些人办企业可以获得成功，进行金融投资也可以获得成

功。他们的成功来自于对自己实力的了解和把握。办企业的人没有去炒股，或者投资房地产，那是因为他知道自己的能力范围是办企业，而其他的领域则是他所不擅长的了；进行金融投资的人没有去办企业，也是因为他们只做自己能做好的事。不仅是个人创业能够成为英雄，给别人打工的人如果在个人岗位上发挥了自己的优势，同样可以成为本行业内的英雄。

著名企业家钱兆龙，就是一个打工打出来的英雄。

上世纪 90 年代末，钱兆龙也曾和其他怀有雄心壮志却又毫无经验的年轻人一样，先后创立了几个小的加工作坊，但是成绩都不是很理想。

钱兆龙抱着"偷师学艺"的目的，应聘到了贝升服饰。进入贝升工作后，他发现企业内部求学求创新的氛围让自己受益匪浅。在担任贝升部门经理的同时，他领导部门进行了一系列的改革。

由于工作上的出色表现，2009 年 10 月，钱兆龙在公司的赞助下来到安徽大别山区创建贝升安徽地区服装加工基地，面对空乏的安徽市场，钱兆龙带领团队分析市场行情、提取客户建议、注重企业的品牌效应。这些正是工作时期积累下来的长项，服装加工基地在钱兆龙的带领下，不断做出了令人震撼的成绩。2010 年 10 月，贝升服饰安徽加工基地的加工业务范畴已经扩大至全球范围，钱兆龙的管理与创新能力受到了贝升公司的高度评价，贝升服饰安徽加工基地改名为安徽双鹰服饰，钱兆龙任总经理。

每个英雄在成功之前，都需根据自己的长短优劣来不断重新审视并调整发展道路，这正是一个成功者所应该具备的品质。

有句俗话说："大雁飞，乌龟也蹂脚。"这句话用来形容找不到自己擅长做的事的人是最合适不过的了。乌龟仰望天空看到大雁飞，于是自己心中也有了能上天的愿望，只能说这是典型的"人生定位不正确"。要做事的人，正像这句话中的乌龟。乌龟看到雁子飞过天空而自己也想飞，只能说是"职业定位不正确"。乌龟应该做乌龟能做而大雁不能做的事才对。有些人把时间用于追逐并非真正适合自己的工作，频繁更换，除了拥有了太多的试用期之外，几乎一无所获。一旦站错了位置，就会极大地浪费自己的潜力资源。相反，只有不落窠臼地重新更换思维，才会找出离真实的自己最近的形象。

诺贝尔奖获得者奥托瓦拉赫在上学时，听从了父母的意见而学习文学。半个学期过后，老师在期终总结中这样写到："该生学习用功，但做事过于拘泥和死板，即使有着完美的品德，也决不可能在文学上有大的成就。"

奥托瓦拉赫并没有因此而感到深受打击，反而在后来的一堂化学课上突然发现，自己这样的个性正好适合做需要一丝不苟精神的化学实验。这次，他好像找到了自己的人生舞台，化学成绩在同学中遥遥领先，最终取得了令人瞩目的成就。

我们处在这样一个飞速进步、信息爆炸的时代，正确的选择有时候比努力更重要。要想获得满意的成绩或者取得人生的成功，首先要了解自己的优点和长处，然后才能制定出可行的目标与方向。

打工女皇吴士宏曾说："发挥长处，不克服短处！每个人的长处和短处都是与生俱来的，对于领导者来说，没有必要去改造。"这看似偏颇的一句话却证实了一个不争的事实：好钢用在刀刃上，才能发挥其最为锋利的特性，其价值才能得到最大的体现。若想有所改变，不妨重新检视自身的长处，懂得扬长避短，才能创造成功。

坦然面对别人的误解，做自己应做的事

在一次长途运输中，乔安山看到大雪天的路上躺着一位被车撞伤的老人，肇事司机早已逃离了现场。他没有丝毫犹豫，只觉救人要紧，当即用自己驾驶的长途汽车将老人送到医院抢救。由于送来得及时，老人的生命得以保全。

然而，在家人的压力下，老人违心地指认把自己撞伤的司机就是乔安山。这让乔安山痛心、家人寒心，也因此差点遭到麻烦。

万幸的是，在好心人的帮助下，找到了撞伤老人的司机。老人的良心也受到谴责，拉着乔安山的手认了错，正义最终得到伸张。

即使受到误解甚至是成心的责难，乔安山助人为乐的精神也没有丝毫动摇。在茫茫如野的行驶途中，遇到因妻子难产而拦车的哑巴，乔安山依然把产妇送到了医院。

以上这些是电影《离开雷锋的日子》里的剧情。身为雷锋的战友，转业30多年的乔安山始终没有忘记雷锋和他助人为乐的精神。即使尝尽了甜酸苦辣，也依然坚持学雷锋做好事。

误解在生活中随处可见，甚至是隔阂和争吵都不足为奇。但如果我们对他人的误解加以辩驳，就有可能与人发生更加激烈的争执，甚至大打出手。这不仅对解决问题没有丝毫的好处，往往还增添了新的麻烦。

如果在误解发生当时就加以辩驳，无疑会让对方因感到把我们自己的想法强加其上而招致非议。同时，对误解的在意也会让我们失去本应有的心情和态度，从很大程度上影响到自己的工作热情和效率。所以，既然误解是恶意攻击无法逃避的，那么不如坦然面对。坚持自己心中行事的原则，做理应去做的正确之事，不让他人的误解对我们造成任何不良的影响。真正成大事者，往往都是不忌小怨的人。

"一个不去注意邻人说什么、做什么或想什么的人,该能获得多少时间呀!"而往往,我们总被这样或那样的因素所限制。而这种限制,很多情况下就是别人错误的"意见"或"建议"。人们之所以会抑制他们向往美好事物的权利和追求成功的能力,大都是通过接受他人的"建议",通过他们怯懦的自我意识,通过恐惧的保守主义。

能量守恒与转化定律是 19 世纪三个重大发现之一,这个伟大定律的完成得益于 3 位科学家,最早的一位是被称为"疯子"的德国医生迈尔。

迈尔于 1840 年开始在汉堡独立行医,他对任何事情总是抱有强烈的好奇心,总爱询问个究竟,而且还一定要亲自观察、研究。

1840 年 2 月 22 日,迈尔作为一名随船医生跟着一支船队来到印度尼西亚。一日,船队在加尔各达登陆,船员因水土不服都生起病来,于是迈尔依照老办法给船员们放血治疗。

在德国,医治这种病时只需在病人的静脉血管上扎上一针,就会放出一股黑红色的血来。可是在这里,从静脉里流出的仍然是鲜红色的血。

于是,迈尔开始思考:人的血液里面含有氧,所以是红色的。氧在人体内燃烧产生热量以维持人的体温。这里天气炎热,人要维持体温不需要那么多热量,自然也就不需要那么多氧,所以静脉里的血仍然是鲜红的。

按照这样的逻辑思维,他接着想:那么,人身上的热量到底是从哪里来的?一颗最多 500 克的心脏,它的运动根本无法产生如此多的热量,仅仅靠心脏的跳动来维持人的体温显然是说不通的。如果,体温是靠全身血肉来维持的,那么这将和人吃的食物有关。而不论吃肉吃菜,都一定是由植物而来。植物是靠太阳的光热而生长的,那么太阳的光热又是从哪里来的呢?如果太阳是一块煤,那么它能燃烧 4600 年,这当然不可能。也就是说,一定是别的原因,是我们未知的能量了。

由此,他大胆地推出,太阳中心约 2750 万度。迈尔越想越多,最后归结到一点:能量如何转化(转移)?

他一回到汉堡就写了一篇《论无机界的力》,并用自己的方法测得热功当量为 365 千克米/千卡。他将论文投到《物理年鉴》,却得不到发表,只好发表在一本名不见经传的医学杂志上。他到处演说:"你们看,太阳挥洒着光与热,地球上的植物吸收了它们,并生出化学物质⋯⋯"

可是即使物理学家们也无法相信他的话,很不尊敬地称他为"疯子"。而迈尔的家人也怀疑他疯了,竟要请医生来医治他。他不仅在学术上不被人理解,而且又先后经历了生活上的打击:幼子夭折,弟弟也因革命活动受到牵连。在一连串的打击下,迈尔于 1849 年从 3 楼跳下自杀,但是未遂,却造成双腿伤残,从此成了跛子。

迈尔在追寻真理的路上不可谓不辛勤,不可谓不努力,然而却倒在了他人的语言利器中,让后世不禁为其扼腕。不管他人怎么说,自己如何想才是最关键的。当我们听到不同声音之初,往往还会有所质疑。而当这种声音愈发强烈的时候,就无法站稳脚跟,就没有识别是真理还是谬误的能力了?要想有所改变,就应该从坦然面对误解开始,下定决心做给那些有所非议的人看,让他们明白他们的观点是多么站不住脚。

诚然,被人误解是一件痛苦的事。然而,理解也好,误解也罢,都是我们无法掌控的;而是否要去感受痛苦,就全在自己了。虚繁世界,众说纷纭,我们为人处事并不是因为要获得他人的理解和赞许才去为之。只要确立了心中的目标和信仰,不论他人怎么说,也要毅然坚定地走下去。

谨慎而理智地选择一条适合自己的路去走,既然是自己所选,就不要去管别人说三道四。同时,无论这条路多么曲折崎岖,无论路上有多少障碍,我们仍然要一直走下去。这样才有可能扎扎实实地踏出一条属于自己的新路来。

我们常因缺乏冒险精神而一事无成

当人们都在忙着播种时,只有一个农夫整日无所事事。

有人便问:"你的麦子都种完了吗?"

农夫摇摇头,说:"没有,我担心天不下雨。"

又有人问:"那你种棉花了?"

农夫说:"没有,我担心虫子会吃了棉花。"

人们不禁追问道:"那你种了什么?"

农夫两手一摊,回答说:"什么也没种,我要确保安全。"

一个不愿冒任何风险、什么都不敢做的人,就像这个农夫一样,到头来不会有任何收获。回避苦难和悲伤,也就等于放弃了学习、改变、感受、成长、爱和生活。这无异于被自己的态度所捆绑,是丧失了自由的奴隶。

我们在面对严峻的形势时,大都习惯了小心翼翼。可殊不知在这个过程中,就不自觉地分散了注意力,不是考虑怎样才能发挥自己最大的潜力,而是费心琢磨怎样才能把自己有可能受到的损失降到最低。而结果往往也都是以失败而告终。

只有主动出击,勇敢地抓住机遇,才能使自己脱颖而出,获得意料不到的成功。甚至可以说,有时候,当我们自己也不知道能否成功时,勇气往往会帮助我们成就许多事情。

一个日本遗孤随母亲和哥哥回到日本那年已经 11 岁了,一句日语也不会说。他先上了一年语言补习学校,然后又重新上学。12 岁时,个头比同班同学高出一头,却读一年级。日语说得结结巴巴,惹得同学们都看不起他、欺负他。

一时间，这个男孩子很孤独，但也很倔强，他并不甘心就这样被人耻笑，他几乎把所有的时间都用在了学习上。基于这样"知耻而后勇"的动力，他成为了班上学习成绩最好的学生，从小学一直保持到中学。高中毕业时，因为成绩优异而被日本最著名的3所大学同时录取。

但是他却被100多万日元的学费挡在了大学门外。年过半百的母亲每天在工厂压700条裤线，才能勉强维持他们的衣食住，哪儿有多余的钱供他上大学？已经结婚的哥哥在一家生产椅子的木工厂做椅背，也只能勉强维持生计。但若是从此告别校园，就意味着他要和母亲、哥哥一样压一辈子裤线，做一辈子椅背。

眼看马上就要开学了，仍然没有好办法。思前想后，他终于鼓起勇气，拿出笔和纸，把自己的身世以及现在的困境如实地写下来，寄给日本当地著名的《朝日新闻》，然后就到哥哥工作的那家木工厂打工。一天下来，他累得胳膊都抬不起来，而一天的薪水只有两千多日元，一个月不到10万日元。

但是一个月后，他收到了500多万日元。

原来，一位好心的编辑看了他的信后深受感动，这位编辑十分同情他的遭遇，便把他的信全文在报纸上刊登了。顿时，信件和汇款就像雪片似地邮来，一个月内就汇集了500多万日元，已远远超过他学费所需的钱。他被这意外的惊喜感动不已，在考取了日本东京大学交完学费后，他把剩余的钱捐给了和他一样面临困境的学生。

大学毕业后不久，他就因成绩优异、工作努力而被派到日本驻沈阳领事馆负责处理日中文化经济合作等事务。后来他又回到了日本，现在的他已是日本著名的伊藤株式会社的高级负责人了。而当年和他一起在那家木工厂做工的哥哥，现在依然还在那里做椅背。做了半辈子椅背的哥哥自己从来没在那椅背上靠一靠，现在他自己的背也已经像他做的椅背一样弯了。

一般来讲，强者之所以成为强者，就是因为他们敢为别人所不敢为。走运的人一般都是大胆的。幸运可能会使人产生勇气，反过来勇气也会帮助我们得到好运。廉·丹佛说："冒险意味着充分地生活。一旦你明白它将带给你多么大的幸福和快乐，你就会愿意开始这次旅行。"在冒险的过程中，我们就能使自己的平淡生活变成激动人心的探险经历，这种经历会不断地向我们发出挑战，然后不断地获得奖赏，从而不断地提高我们自身的活力。

任何领域的领袖人物，之所以能够成为顶尖人物，正是由于他们勇于面对风险之事。美国传奇式人物、拳击教练达马托曾经一语道破："英雄和懦夫都会有恐惧，但英雄和懦夫对恐惧的反应却大相径庭。"

当然，"大胆"不同于"鲁莽"，二者是有本质区别的。如果把一生的储蓄孤注一掷，采取一项引人注目却有可能失去所有的冒险行动，这就是鲁莽轻率的举动。而另外一种表现是，尽管由于要踏入一个未知世界而感到恐慌，但还是接受了一项令人兴奋的新机会，这就是大胆。

冒险要建立在科学分析、理智思考和周密准备的基础之上。古人云："六十算以上为多算，六十算以下为少算。"因此，有60%以上的把握，就应当机立断、敢于大胆地去行动。

李明是一家建筑工程公司的老总，从外貌来看，几乎完全和成功企业家联系不起来。然而，正是这个其貌不扬的南方小伙子，凭着宏大的气魄和长远的眼光，创造了一个又一个大赢的奇迹。

在公司资金极度短缺的情况下，李明毅然拍板买回各种型号的塔吊29台。这种大气魄的投入，在全国同行业中也是少有的。而结果也正如他所预料的那样，29台塔吊全部运转，给公司带来了巨大的经济效益，年产值突破了1亿元，利润达到近3000万，让人惊叹不已。

但李明并没有死守阵营，在成功盘活了一家公司后，又打出了一套漂亮的组合拳：一口气组建了石膏板线厂、大理石制品厂等8家边缘实体公司，以质优价廉的特点抢占了市场，一举成为当地规模最大、品种最全的建筑企业。

正是这种不计较一城一池的得失，而将眼光放得长、放得远的冒险精神，才能在"大赌"后获得"大赢"。

茫茫世界风云变幻,漫漫人生沉浮不定,而未来的风景却隐在迷雾中。向哪里进发都会有坎坷的山路和泥泞的沼泽;虽然有深一脚浅一脚的危险,但这却是在有限的人生道路上通往成功与幸福的捷径。那么就不如从现在开始行动,冒险总比墨守成规更有机会。如果不想被淘汰,如果想跟得上时代前进的步伐,我们就必须不惧怕失败,这样才不至于毁灭进步,才有可能开创出属于自己的一片崭新天地。

剑走偏锋,侧面迂回

有这样一个真实的故事在华东五省广为流传:

两个青年一起开山。一个人把石块砸成石子运到路边,卖给建房的人;另一个人通过仔细观察,发现这里的石头总是奇形怪状,故而把石块直接运到码头,卖给杭州的花鸟商人。不到 3 年,后者成了村里第一个盖瓦房的人。

又过了几年,经营果园在村里开始时兴起来。他们那里的梨不仅产量高,而且汁多肉脆,深受国内外客商的欢迎。就在大家纷纷投资树种的时候,那个曾第一个盖瓦房的人却卖掉了果树,开始种柳树。因为他发现,来到这里的客商不愁挑不到好梨,只愁买不到盛梨的筐。果然,他又成了第一个在城里买房并做起服装生意的人。

20 世纪 90 年代末,日本丰田公司亚洲区代表山田信一来华考察,当他坐火车路过这个小山村听到这个故事后,当即决定下火车寻找这个人。山田信一认定这是一个懂得在生意场上另辟蹊径、侧面迂回的人,遂决定以百万元年薪聘请他。

生活中的我们都会经历很多种热浪的冲击。当一股股强大的热浪迎面袭来的时候,大多数人也许会像弗洛伊德所说"从众是人类的本性"那样,无论是言行还是观念,都或多或少地受到周围"大多数"的影响。但是,若想有所改变,获得与以往不同的成功,就必须懂得保持冷静的头脑,在理性分析的基础上独树一帜,有勇气、有智慧地跳出前人或是"众人"的模式,走出一条新路。

要知道,人人都向往的事情对自己而言不一定就合适,不一定就要跟随。同样,别人都不关注的角落,也不一定就没有"黄金"。

然而,另一方面,有些人不敢选择剑走偏锋的原因是因为有着这样一种心理:跟着别人走,就算不成功,也不会输得太惨。实际上,这样的想法是禁不住仔细推敲的:试想,别人的后面又能给我们留下多少机会呢?所以说,只有摒弃这种谨小慎微、拾人牙慧的思想,转换为迂回独辟的模式,才有可能获得最终的成功。

有一年,哈佛大学要在中国选拔一名学生,其留学期间的所有费用均由美国政府全额提供。消息一出,成千上万的考生都来参加选拔考试,渴望自己成为那个幸运儿。

最终,通过考试选拔出了30名候选人进行进一步的面试。当天,30名学生及其家长云集在上海的一个大饭店里等待面试。当主考官劳伦斯·金出现在饭店大厅的一瞬间,数十名考生从各路纷纷上前,把劳伦斯·金包团团围住。他们用熟练的英语向他问候,有的甚至还迫不及待地作起了自我介绍。

在这样的局面下,只有一名学生和其他所有人不一样,他没有围住主考官,而是注意到被冷落一旁的劳伦斯·金的夫人。于是,他向劳伦斯·金夫人的方向走去,主动和她打招呼。然后,这名学生并没有作自我介绍,也没有打听面试的内容,而是友善地询问她对中国的印象如何。就在劳伦斯·金被围得水泄不通、不知如何招架的时候,站在大厅一角的这两个人却谈得非常投机。

这名学生在30名候选人中成绩不是最优秀的,可结果是,他被劳伦斯·金选中了。

这个故事又一次验证了另辟蹊径更易于成功的道理。我们常常因通向成功的大门锁得太紧而抱怨不已，却从来没有想过换一种方法。追求成功的人一定不要被从众心理所俘获，想来，除了竭尽全力清扫前行的路障之外，我们尽可以绕行、爬墙，甚至想办法把锁撬开——只要不受沉疴思维的摆布。

我国古代的军事圣书《孙子兵法》曾云："先知迂直之计者胜。"曲中有直，直中有曲，这是辩证法的真谛。尤其在对抗和竞争之中，要结合个体的努力程度，更要结合环境的虚实、优劣而整体来看。正面不通，绕道而行，以避免正面冲突所带来的玉石俱焚。从侧面去思考问题，也叫侧向思维，在生活和工作中有许多问题很难用直接求解的方法得出答案，这时就需要转换方式，从侧面迂回地去解决。不要凡事都幻想着走直径，在迂直问题上，角度的转换往往能给我们带来质的改变。

有一位青年，去美国一所著名大学的计算机系留学深造。博士毕业后，他想在美国找一份理想的工作。

可是，由于他的起点高、要求高，结果连续找了好几家大公司都没有录用他。思来想去，他决定收起所有的学位证明，以一种最低身份求职。

不久他就被一家大企业聘为程序录入员。这对他来说简直就是小菜一碟，但他仍干得一丝不苟。不久，老板发现他能看出程序中的错误，非一般的程序录入员可比。这时他才亮出学士毕业证，于是老板给他换了个与大学毕业生对口的工作。

又过了一段时间，老板发觉在这个工作岗位上，他还是比别人做得都优秀，就约他详谈，此时他才拿出了博士毕业证。

由于老板对他的水平已经有了全面的认识，就毫不犹豫地重用了他。

在碰到苦难强攻不下时，我们不要总在想着如何正面、直接地克服障碍、解决问题，迂回的思维发展过程并不是呈笔直的直线式前进，而是让思维过程适应某些问题及问题的某些发展阶段的实际情况与需要，在一定时间内暂时离开直线轨道,转入一个曲折蜿蜒、绕道前行的角度。根据自己的实际情况选准目标,不管在他人看来是多么的"偏离"轨道,也不管有多少人对此嗤之以鼻,只要脚步坚实,最终的成功必将属于我们。

只知直来直去、不懂侧面迂回的人,往往都会碰得头破血流;即使最终强取而得,也耗费了超出常规几倍的资源。不要被"沉默的螺旋"所带领着去踩别人的脚印,那样永远也不可能走出一条新路。我们不妨转换一种思维方法,在充分认识当前局势的基础上分析对比、审时度势。直走不通,绕道而行,最终在脱离困境的同时,也许就获得了柳暗花明的改变。

第三章
告别"空想家"，做个"行动者"

拿破仑说："想得好是聪明，计划得好更聪明，做得好是最聪明又最好。"这个世界总是以一个人的行动来确定他的价值，除非我们付诸行动，否则一切都将毫无意义。

要"做"求成功，而并非"坐"等机会。虽一字之差，却谬之千里。雄心是成功的起跑线，决心则是起跑时的枪声。而最终是否能撞到终点线，获得成功的锦标，全在于我们是否立即行动并全力到底。心动的你，从即刻开始行动起来吧！

未雨绸缪，做好接馅饼的打算

有个年轻的女孩从小就想当演员，每天总是对着镜子从各个角度端详自己的模样，幻想着有一天，大街小巷的广告上都是自己的照片、大大小小的杂志封面上都有自己的倩影。只是，除了照镜子，她似乎没有为此做过任何努力。

终于有一天机会来了，某电影厂招聘演员。初试并不难，只要求应试者用普通话朗诵一首小诗，再按导演的意图表演一个小品。可就是这样在其他大多数人看来都很简单的事情，女孩却不知该从何入手，因而流露出惊慌失措的表情以及幼稚可笑的表演动作。结果可想而知，还没到两分钟，她自己就败下阵来。

俗话说："平时不烧香，临时抱佛脚。"若平时不注意培养自身各方面的能力，有朝一日真要上场时，恐怕就一筹莫展了。凡事多一份准备，就多一份保障，因为未雨绸缪才能使受到的损害减至最低。人生的经营是多方面的，不管是工作、学习、交友、理财、娱乐等，须做全面的管理，不要目光短浅地把焦点放在某个单一的问题上。观察人生的眼光，必须用远距离、宽视野、长时间的历史学家的角度。

生活中能抓住机遇并且成功的人并不是很多，但终生没有遇到机遇的人又的确很少。现实中，我们常会听到现在落魄的"好汉"提起自己当年的"勇猛"：若非不得已放弃了如此绝好的机会，恐怕早就功成名就了。其实，机会常有，能够把握、驾驭的人却不常有。机会对于主动准备者就是成功的火种，对被动等待者可能就是灾难。天上掉下来的馅饼，可能为有心人带来机遇，也可能砸昏碌碌无为的行人。

人生的储藏和准备就像是银行的存款，如果前期不肯把钱存进去，后期就不能从银行提取；只有我们愿意在生命中放进行动上的准备，才有可能从中取出事业上的成功。

在刚刚过完自己 29 岁生日的时候，张骥就被美国第七大计算机厂商美光（Micron）看中，出任美光公司北京办事处首席代表——中国区总经理。这即使在年轻人居多的计算机行业里也是令人称奇的事。

而在此之前，张骥不过只是该公司驻北京办事处的一名普通员工，而且当时美光公司正准备撤销在中国的这家办事处。张骥的上司听说此事后不久就辞去职务，另谋高就，而就在要抉择何去何从的关口，张骥凭借自己以往优秀的表现给公司老总留下的深刻印象，1999 年 11 月，他被派往公司总部去开会。

只身一人提着笔记本电脑，对与会人员、会议内容一无所知的张骥就这样上了飞机。途中他一直仔细研究美光近两年的年度报告，10 多个小时之后，当飞机抵达机场的时候，他已经做出了美光公司在中国两年的发展计划。

这份计划的完成，与张骥平时养成的喜欢积累心得体会的习惯是分不开的。他总认为，即使做同样的事情，也要比别人从中多收获一点，对于做过的事情总要留下一些记录。

会前 5 分钟，张骥被要求当着美光公司所有海外分公司总经理和美光公司总裁的面发言。而这次"突然袭击"的结果是，他改变了年收入 60 亿美元的总公司的决策，也给自己带来了新的机会。

公司决定不仅不撤回北京这个办事处，而且还要加强在中国的发展，并对张骥委以重任。能够在关键时刻取得胜利，让他更加坚信一点：机会从来都只是青睐那些有准备的头脑。

如果没有平时充分的积累，张骥又怎么可能在飞机旅途中利用并不长的时间做出一份科学的发展计划，并且说服总公司收回撤销北京办事处的成命，使自己升任首席代表呢？在有些人的眼里，别人的成功只是一种偶然或是一份运气，他们也总在奢望这样的好运能从天而降，落到自己的头上。但殊不知，对自己生命投入的资本太少，在能力、教育、思想、才能、智力、体力、训练等方面所下的功夫太浅，又怎么能接得住掉下来的这个"馅饼"呢？

俗话说："台上一分钟，台下十年功。"要想取得好成绩，平常就要付出辛勤的努力。不懂得未雨绸缪的人谈论机遇，实在是件无奈而又奢侈的事，因为他们根本就没有把握机遇和利用机遇进行实际操作的能力。只有在平时做充足的知识准备、必要的技能积累，当与机遇正面相遇时，才会抓得住、立得稳。正如哈佛校训所说："时刻准备着，当机会来临时你就成功了。"

有梦就要立即去追寻

两个男孩同样是哈佛大学计算机系的高材生，同样的勤奋好学。只不过，一个谨慎保守，一个敢于追求。

大学二年级时，一个苦苦跟在导师后面努力研习，一个毅然退学去开发在当时被视为只有大学毕业 4 年后才有能力做出的 32Bit 财务软件。

几年后，一个成为了哈佛大学计算机系的硕士研究生，一个进入了美国《福布斯》杂志亿万富豪排行榜。后来，在硕士研究生拿到博士学位时，另一个男孩一跃成为美国第二富豪。

1995 年，当取得博士学位的男孩认为自己已具备了研发 32Bit 财务软件的学识时，另一个男孩已经开发出比其快 1500 倍的 Eip 财务软件，并在那一年成为了世界首富。

后者就是比尔·盖茨。

和比尔·盖茨的这个同学一样，很多人都认为，只有事先有了非常充分的准备后，才有能力去追逐梦想，并用这个理由拖住了追寻的脚步。而比尔·盖茨则没有按照常规的思维，即使在条件尚未全面达到成熟的情况下，有了梦想立即去追，先开枪，后瞄准，在实践中获得成功。毅然追逐梦想，从而早早地实现了自己的目标。

即使没有充分的准备，即使没有学到足够的知识，即使尚未拥有瞄准目标的技巧和能力，依然可以扣动扳机，开枪射击！

世界创新史也证明了，先有精深的专业知识再从事发明创造的人并不多。不少成就一番事业的人，都是在知识不多时就直接对准了目标，然后在创造的过程中再根据需要补充知识。假如比尔·盖茨等自己从哈佛毕业后，学完了所有的知识再去创办微软，也许今日他就不会有今天的成就了。

梦想经不起等待，尤其不能以实现另外一个条件为前提。当我们拥有梦想并且可以为之努力的时候，就要拿出勇气和行动来，穿过岁月的迷雾，让生命展现出别样的色彩。梦想不在于有多遥远，而在于我们是否为了它的实现而采取行动。

潜能激励专家魏特利曾经说过这样一句话：在开发潜能时，没有人会带你去钓鱼。

魏特利少年时便学会了自立自强。一次，朋友和他约好星期天的上午带他去船上钓鱼。这让魏特利兴奋不已——这是他一直以来的梦想，虽然那时他甚至还没有条件去靠近一艘真正的船。

"那个周六晚上，"魏特利回忆道，"我兴奋地和衣上床，为了确保不会迟到，还穿着网球鞋。我在床上无法入眠，幻想着海中的石斑鱼和梭鱼在天花板上游来游去。清晨3点，我便备好鱼具箱，另外带着备用的鱼钩及鱼线，将钓竿上的轴上好油，带了两份花生酱和果酱三明治。4点整，我就准备出发了。钓竿、鱼具箱、午餐及满腔热情，一切就绪后，我便坐在家门外的路边苦苦等待，等着我的朋友出现。"

但朋友失约了。"那可能就是我一生中，学会要自立自强地追求梦想的关键时刻。"

魏特利并没有因此对人性的真诚产生怀疑或自怜自悲，也没有爬回床上生闷气或懊恼不已。相反,他跑到附近的售货摊上,花光了所有帮人除草所赚的钱,买了那艘上星期在那儿看过的单人橡胶救生艇。中午时分,将橡皮艇吹满气后顶在头上,里面放着钓鱼的用具来到海边。他摇着桨滑入水中,假装将启动一艘豪华大游轮驶向海洋。后来,他真的自己钓到了一些鱼,并享受了三明治,用军用水壶喝了些果汁。"这是我一生中最美妙的日子之一。那真是生命中的一大高潮。"

魏特利经常回忆那天的光景,沉思所学到的经验:"只要鱼儿上钩,世上便没有任何值得烦心的事了。而那天下午,鱼儿的确上钩了!梦想并不是靠他人带着去实现的。对我而言,那天去钓鱼是最大的希望,于是我立即着手设定计划,并使愿望成真。"

梦想是人生的翅膀,插上了才能够远翔。在人生不同的阶段,会有不同的历练和想法。如果等到所有的条件都成熟才去行动,那么我们也许就要永远等下去了。正如新东方学校的董事长俞敏洪所说:"每一条河流都有自己不同的生命曲线,但是每一条河流都有自己的梦想,那就是在转弯处奔向大海。我们的生命有的时候像泥沙,你可能慢慢地就会像泥沙一样沉淀下去了,一旦你沉淀下去了,也许你不用再为了前进而努力了,但是你却永远也见不到阳光了。"

对于那些不满足于现状、不断寻求超越的人来说,想要在更广阔的天空中自由搏击,就需要更多的胆量和勇气,在梦想产生的那一时刻就要有声有色地去追逐。记得这样一句话:这是一个鼓励做梦的年代,更是一个需要行动的时代。

善于表现，让别人用佩服的目光看你

"谁聘我？年薪10万！"

这是2000年刚刚走出大学校门的杨少峰，在万人攒动的人才招聘会上打出的牌子。当时，几乎是一夜之间，他成为了全国数十家媒体关注的新闻人物。

3年后还是他，以初生牛犊不怕虎的勇气和自己卓越的能力，实现了从年薪10万到100万的跨越。

很多人把杨少峰称为"天才"，无疑，他赢在了定位和自我表现上。其实，每个人都是天才，明天，我们同样也可以把自己"卖"出个好价钱，关键是敢不敢"拍卖"自己。这样做的好处是，当自己的优势充分发挥出来时，不仅成就感与日俱增，而且自身也会越来越有干劲，遇到困难也就能毫不退缩地迎上前了。

其实我们每个人也都是一块"和氏璧"，就像春秋时期卞和发现的那块璞玉一样。只是有的被琢磨，有的没有被琢磨而已。我们在被发现、被琢磨之前，所经历的迷惘、痛苦和自卑，就是现实的"楚厉王和楚武王"给予我们的挫折。此时，我们千万不能让他们砍去我们"自我表现"的双脚，而是要学习楚文王去发现自己所拥有的"和氏璧"。因此，在迷惘、自卑、痛苦时千万要记住：每个人都有一座独特的"宝藏"，我们谁都不例外！

玛丽从小就觉得自己长得不够漂亮，因而陷入深深的自卑当中。一次，全家收到了一张舞会的请柬。出于种种原因，她无法拒绝。为此，玛丽担心极了：平凡的自己怎么能跟舞会上的众多佳丽相比呢？虽然此时的玛丽已经被母亲打扮得漂漂亮亮了。

走进舞会大门的一刹那，玛丽不禁自卑地低下了头。可就在这时，她听到了人们的赞叹声："天啊，这位小姐真漂亮！"玛丽吓呆了，她从来没想到原来自己的容貌竟然也能得到大家如此的赞美!这样想着,玛丽高高地昂起了头,表现出落落大方的自信和热情爽朗的亲和,成为了那场舞会上最耀眼的明星。

有了自信的意识之后,我们就要学会展示,敢于推销自我。在当今广告宣传铺天盖地的社会中,人们早已被淹没在"信息流"之中。现有的信息都看不过来,又有几个人有精力去关注那些不注重品牌宣传的产品?

在如今注重自我营销的年代里,每个人就好比一件商品。酒香也怕巷子深,即便才高八斗,不去展示自我,也很难引起他人的关注。我们不难看到这样一种现象:那些才华满腹的人,不擅与人交流,有如"茶壶里煮饺子,有货倒不出",从而失去了让外界进一步了解他们的机会,以致失去了很多不错的机会。

所以,在相信自己是块"和氏璧"的基础上,接下来就要善于表现,敢于为自己标价,敢于冲破格局。如果不想出现"千里马"骈于槽枥之间这种扼腕遗憾的局面,就要学会在适当的时候积极地表现和展示自己。这实际上就是在给自己寻找机会,是一个全新的自我亮相,相当于在大众面前再造自我的过程。通过自我展现,可以在培养自身能力的同时增强信心、改善性格,更可以发现甚至连自己都不曾体察到的兴趣和爱好。

但需要说明的是,我们不能只顾着一味地表现,这很有可能会造成相反的效果。积极地表现也要讲究方法,所谓善于表现,就是不在每一方面都去争抢,显得自己爱出风头;关键时刻的救急才更能显示出风度。表现自己不是凡事都要标新立异,在适当时机表达出独特的看法,反倒能让人眼前为之一亮。

章因大一时表现突出而被破格允许参加校学生会会长的选举,当时与她竞争的还有两名高年级的学长。如此一来,原本条件不错的章和两名学长一比,顿时黯然不少。

几乎所有人都以为章会败下阵来,结果经过一轮演讲竞选之后,章竟然胜出。原来,演讲的过程是这样的:

前两位学长演讲时都高谈阔论地说"为同学服务",轮到章了,她说:"学校后门有条小路,每到下雨天就十分泥泞。如果我当了会长,我要做的第一件事情,就是向学校建议把路修好……"

章没有"假、大、空"地说"为同学服务",她提出的具体政见,正是困扰同学们已久的问题。一条看似很"小"的路,却展现了她的细心和为同学们解决问题的诚意。比起前两位学长的高谈阔论,章的"以小见大"显然更有成效。

可见每个人都是人才,关键在于如何表现自己。有能力的人未必就能成功,更重要的还是要抓住重点,适当表现,这才是王者风范。

当今时代中,没有绝对的"傻子",也没有绝对的"天才",只是有些人的潜能被压制、被遗忘了。从某种意义上来说,一个有思想但是不善于表达的人实际上和一个没有思想的人是一样的。与其仰慕别人的才华,不如发掘自身的闪光点善加利用。只要打开心结,拿出超越自我的勇气,讲求技巧地表现自己,就有可能得到不一样的改变。

期待未来,不如把握现在

我们在跟团外出旅游时,经常会遇到这样一种情况:景区里,导游常挥舞着旗子,拿着小喇叭对大家喊:"请游客们抓紧时间游览,半个小时后我们在车上集合,赶到下一个景区。"

于是,游客们纷纷在门口和标志物前拍照留影,以示到此一游,然后走马观花般扫视一下风景,接着便匆匆离开,赶往下一个目的地。

我们总是寄希望于下一刻的未来,总觉得下一个未到之地会有更美好的风景。行色匆匆中,游览的目的似乎不再是欣赏风景,而是为了到达某地;到达之后也并没有完全融入和欣赏风景,又急切地赶往下一个地方。如此,我们的心将永远处于无法安放的颠簸状态。

生活中，就连正值暑假的孩子们都会天天盼望着开学，因为"开学后就又会有美好的希望"。当被问及新的希望是什么的时候，孩子们的回答不禁让我们感叹："开学后就可以希望下一个美好暑假的到来了呀！"也许孩子们会觉得，尚未触及到的未来永远比现在要美好。

下一个景区、下一个假期、下一栋房子、下一份工作、下一个目标……我们匆匆走过此时此地，因为坚信"下一刻"的美好。下一刻就是我们看不到的未来。诚然，憧憬未来、心怀希望的确可以让人备受鼓舞，但只把眼光盯住下一刻而忽略这一时，是极大的空想和虚妄。我们正错失的这一刻也许就是期待已久的"下一刻"。

事实上，快乐也好，幸福也罢，都是一种感受，具有即时性。它并不是来自于几天、几月、几年的等待，而恰恰就是我们此刻所拥有的时光。身心所感的此刻，不仅是独一无二的，而且也是我们唯一能够把握的。未来只存在于想象之中，我们永远不知道下一时刻会发生什么。如此，对未来的空想真不如对现在的把握。

著名作家斯宾塞·约翰逊写过一本名为《礼物》的书，讲的是一位充满智慧的老人告诉孩子，这世上有一个特别的礼物，可以让人生获得更多的快乐和成功，可这个礼物只有依靠自己的力量才能找到。

于是，从童年到青年，这个孩子用尽所有的办法四处找寻，越拼命找寻，越感到生活得不快乐，而他生命中的礼物自始至终都没有出现。到后来，年轻人决定放弃，不再没有目的地追寻。而此时他才赫然发现，苦苦寻找的东西原来一直在他的身边，这个人生最好的礼物就是"此刻"。

时至当下，也许还有不少人都在像这个孩子一样寻觅有形的"礼物"，却往往忽略了自己早已拥有的礼物——无形的"此时此刻"。在这个充满不安和焦虑的时代，这份"礼物"就显得更能帮助我们重新发现工作和生活的真谛。

有些人只会把无限的希望寄托于明天，处心积虑地策划出很多计划，然后往往就被自己设计出来的复杂步骤而牵绊住了脚步,失去了迈开步子的勇气;这充其量是一个空想者,最终势必一事无成。就像下面这个故事中的主人公一样:

年轻时,他雄心壮志、激昂江山,总是习惯说"等到我……的时候",一副对未来充满无限憧憬的样子。

就这样一直说,过了而立之年,一眨眼也过了知天命之年,一直说到了老年。他仍旧经常对别人说起,只是换了一种句式:"想当初,我……的时候,"对过去无限的怀恋溢于言表。

的确,也许我们都把太多的时间和精力投入到一味期盼未来的虚妄世界里,忙忙碌碌终其一生。实际上,无论未来将会怎样,抑或过去曾经怎样,结果都是一样的——我们因为没有关注当下而错失了最真实的现在。

不珍惜当下,只会错失唯一拥有的,只会把每一个经历着的今天都变成留有遗憾的昨天。

天地万物自然循环,我们生活在这样的空间内,必然也遵守着生老病死、稍纵即逝的规律。历史不会为我们等候,生命的年轮也总随着日出日落而或辉煌、或消遁,生活就在短暂的今朝,就在脆弱的此刻。世界变化如此之快,一不留神又是一片新的天地,我们等不来和想象中一样的未来。只有懂得在此刻立即采取行动,才会对未来有所改变。

眼高手低，只能让人生错位

东汉有一个名叫陈蕃的少年，自己住的屋子脏乱不堪，从不清理。

一日，他父亲的朋友薛勤来访，见此状，面露不满，问他为何不打扫干净来迎接宾客。

陈蕃回答说："大丈夫处世，当扫除天下，安事一屋？"

薛勤当即反驳道："一屋不扫，何以扫天下？"

陈蕃之所以不扫房屋，无非是不屑而为，自以为胸怀大志。欲"扫除天下"之志固然可贵，但一个连最基本的"扫除"动作都不知如何去做的人，当他着手承办一件大事时，必然会忽视它的初始环节和基础步骤，从而使大事的基础不牢、华而不实。如此，可真是岌岌可危了。

如今，有些"志存高远"的人总觉得自己价值不凡、能力超群，在人生的规划中总给自己设定在一个形式上的"高位"上。如果没有得到想象中的重视，就觉得他人蔑视了自己。于是便开始躁动，进而失望，感叹大材小用，从此无心工作。

岂不知大事是由许多小事连成的，任何一个鸿篇巨作也必定是由一个个词汇组成的。那些一心只想着做大事的人常常眼高手低，对小事嗤之以鼻、不屑一顾。可是，连小事都做不好的人，对于大事最终又怎么能不是空中楼阁、纸上谈兵呢？

所以，就像老辈们所教育的那样：只有踏踏实实做人、认认真真工作，才能取得实实在在的成果。那些取得了较大成就的人，并不是因为一开始便居于高位，也不是他们有一步登天的本领，而是他们懂得只有通过踏踏实实的行动从基层干起，才不会因为各种各样的诱惑而迷失方向，才能经受住成功路上的种种考验，一步一个脚印地向前迈进。

中央电视台的著名主持人王小丫可谓已是功成名就，但在她刚刚工作的时候也并非一帆风顺。

大学毕业后，王小丫被分到一家经济类报社当记者，但是领导却安排她在办公室里抄写信封。每天千篇一律的活儿，似乎大材小用，但是她还是一丝不苟地工作。

3个月后，领导发现她工作非常认真，信封抄写得又快又好，破例提名让她担任文摘版、理论版的编辑。

有了这段经历，王小丫更加勤奋、踏实地工作，一步步走向成熟，终于成为一名家喻户晓的著名电视主持人。

犹太巨商大多是从最底层的工作开始做起的，有的做过卖报童，有的做过小商贩，还有的做过电焊工。但是他们的一大共性是，不管做什么都能耐心地将本职工作做好，在平凡的工作中取得出色的成绩。

"不积跬步，无以至千里；不积小流，无以成江海"的古训早已让我们耳熟能详。无独有偶，《塔木德》上有句名言也揭示了"低层"的重要性："别想一下就造出大海，必须先由小河川开始。"好高骛远、眼高手低，终究只能让自己局限于旧有的捆绑中不得前进；只有认识到眼下工作的重要性，体会到基层的充实，才会为我们带来不一样的改变。

李刚从名牌大学毕业后，就直接来到一家出版社工作，刚开始他被安排的职位是秘书，每天做些芝麻大的小事，零碎而烦琐。

起初，他还能安心于本职工作，甚至在工作之余也表现得异常勤快，打扫办公室、给主编端茶倒水，这些活儿李刚都主动去做。可是大半年过去了，社里还没有让他做编辑的意思，他不禁开始怀疑这份工作的意义了。他想，自己有这么高的学识，难道只配做这些七零八落、毫无意义的琐事？于是他开始在私下里跟朋友抱怨：迟早有一天我会离开的，等到合同期满，我就走人。从那以后，他在工作中明显浮躁了很多，工作中表现得非常不认真。

一次，李刚偶然碰到了同学梅梅，她也在一家出版社工作，可现在已是一名策划编辑，很受器重。当李刚又开始抱怨时，梅梅对他说："刚开始我也是做秘书工作，和你一样，我当然也想成为一名出色的编辑，但我知道这需要眼下一步一步地努力。所以我觉得你目前最主要的是把这份工作做好，总有一天你会受到重用的。

李刚听从了梅梅的劝告，工作比原来踏实了很多，浮躁的心态也一扫而光，渐渐地发现自己一直感觉很渺小的工作原来也可以学到很多东西，不知不觉中自己也进步了不少。没过多久，他就开始正式接触了文字编辑的工作。

不要轻视自己所做的每一件事；即便是最普通的，也应全力以赴、尽职尽责地去完成。通往成功的道路向来都是呈螺旋或阶梯式前进的，只有一步一个脚印地向上攀登，改变的步子才走得稳，成果才站得住。

做得越多，离成功越近

由著名投资专家约翰·坦普尔顿通过大量观察研究得出的著名原理"多一盎司定律"，如今已被众多企业奉为行事准则。

它的具体解释是：盎司是英美制重量单位，一盎司只相当于1/16磅。对此，坦普尔顿指出，取得突出成就的人与取得中等成就的人几乎做了同样多的工作，他们所做出的努力差别很小——只是"多一盎司"。但其结果，所取得的成就及成就的实质内容方面，却经常有天壤之别。

我们一般认为，忠实可靠、尽职尽责地完成分配的任务就可以了，一个抱有"我必须为别人做什么"这样想法的员工已经算得上是合格了。但实际上，若不甘于以往平淡无奇、得过且过的成绩的话，就应该再做一些除了本职工作以外的额外事情。转变一种态度,时常想想"我还能为别人做些什么",不仅能让我们把事情做得更好,还能在此过程中培养自身的能力,进而得到改变与提升。

在建立了"每天多做一点儿"的行动指南后,与四周那些尚未养成这种习惯的人相比,我们就已经具有了优势。这种习惯在今后无论从事何种行业的情况下,都会有更多的人指名道姓地要求我们为之提供服务。卡洛·道尼斯的升迁就是一个非常好的证明。

卡洛·道尼斯最初为杜兰特先生工作时,他的职务很低,而在不到一年的时间里他就已经成为杜兰特先生的左膀右臂,担任其下属一家公司的总裁。他之所以能如此快速地升迁,秘密就在于"每天多做一点儿"。就像卡洛·道尼斯所说:

"在为杜兰特先生工作之初,我就注意到,每天下班后,所有的人都回家了,而杜兰特先生仍然会留在办公室里继续工作到很晚。因此,我决定下班后也留在办公室里。是的,的确没有人要求我这样做,但我认为自己应该留下来,在需要时为杜兰特先生提供一些帮助。"

"工作时杜兰特先生经常找文件、打印材料,最初这些工作都是他自己亲自来做。很快,他就发现我随时在等待他的召唤,并且逐渐养成召唤我的习惯……"

杜兰特先生之所以习惯了召唤道尼斯,是因为道尼斯自动留在办公室,使杜兰特先生随时可以看到他,并且提供诚心诚意的服务。这样做并没有获得额外的报酬,但却给道尼斯赢得了更多的机会,让老板更加关注自己,最终获得了提升。这里的"一盎司忠诚",就相当于"一磅智慧"。

的确,我们没有义务去做自己职责范围以外的事,但这也正是我们能否发生飞跃的关键所在。做得越多,以此鞭策自己快速前进的动力就越大,离成功的目标也就越近。率先、主动是一种极为珍贵的素养,它能让我们变得更加敏捷、更加积极。即使是一名普通的仓库管理员,也可以在管理清单时发现一个与自己职责无关的未被发现的错误;哪怕是一名邮差,除了保证信件及时准确地到达，也还可以做一些并非是他所负责的事情。每一次多做的行动，就等于播下了一颗成功的种子。

另外，如果希望将自己的右臂锻炼得更加强壮，唯一的途径就是利用它来做更多的工作；相反，如果长期不使用我们的右臂而使之养尊处优，其结果只能是使它变得虚弱甚至萎缩。身处困境中的拼搏能够产生巨大的力量，这是人生永恒不变的法则。如果多做一点儿分外的工作，那么不仅能彰显自己勤奋的美德，而且还能发展一种超凡的技巧与能力，使自己具有更强大的生存力量，从而摆脱困境。

获得成功的秘密就在于不遗余力地加上那"一盎司"。"多一盎司"的结果会使我们极尽所能地发挥自身的天赋。这微不足道的区别，会让现在所做的工作与以往大不一样。每天多做一点儿，初衷也许并非为了获得报酬，但往往获得得更多。

50年后的今天，他已经是一名富甲一方的商人了。而在回忆当初发家时所"意外"获得的那份工作，商人仍然记忆犹新：

"50年前，我开始踏入社会谋生，在一家五金店找到了一份工作，每年才挣75美元。有一天，一位顾客买了一大批货物，以备结婚所用。

"我只是五金店的销售员，送货并不是我的职责。然而，看着堆放了满满一车的货物时，我发自内心地想帮那位顾客送回家。

"这车货物让骡子拉起来都有些吃力，而在途中还不小心陷进了一个不深不浅的泥潭里，纵使我百般使劲也无法推动它。这时，一位善良的商人驾着马车路过，用他的马车拖起了我的独轮货物车，并且帮我将货物送到顾客家里。

"在向顾客交付货物时，我仔细清点了货物的数目，一直到很晚才推着空车艰难地返回商店。我为自己的所作所为感到高兴，但老板却并没有因我的额外工作而表扬我。第二天，在路上遇到的那位商人将我叫去，称赞了我努力而热情的工作态度，尤其注意到我卸货时清点货物数目的细心和专注。因此，他愿意为我提供一个年薪 500 美元的职位。我接受了这份工作,并且从此走上了致富之路。"

尽职尽责完成工作的人,最多只能算是称职;如果在自己的工作中再"多加一盎司",就有可能成为优秀的人。付出比别人更多的努力,就有可能获得比他人更进一步成功的机会。

付出多少,得到多少;付出越多,离成功越近,这是一个众所周知的因果法则。也许,一时的投入无法立刻得到相应的回报,但这也不应成为我们就此气馁的理由。一如既往地"多加一盎司",改变就会在不经意间发生,收获就会以出人意料的方式显现。

第四章
习惯是最好的"仆人"，也可以是最坏的"主人"

亚里士多德曾说："人的行为总是一再重复。因此，卓越不是单一的举动，而是习惯。"习惯的持续性决定了对我们影响的程度，在不知不觉中就改变了我们的行为，影响着我们的效率，左右着我们的成败。

所以，要想改变平庸的现状，改变习惯才是问题的关键。在实现成功的过程中，除了要不断激发自己的成功欲望，还应有意识地对习惯进行必要的培训，最后才能形成一套新的运行程序，使之成为助我们一臂之力的最好的"仆人"。

习惯养成性格,性格决定人生

1998年5月,世界巨富沃沦·巴菲特和比尔·盖茨来到华盛顿大学演讲。当被问及"你们怎么变得比上帝还富有"这一问题时,巴菲特说:"这个问题非常简单,原因不在智商。为什么聪明人会做一些阻碍自己发挥全部水平的事情呢?原因就在于习惯。"

对此,比尔·盖茨也深表同意,他说:"我认为沃沦关于习惯的话完全正确。"

两位殊途同归的好朋友道出了自己成功的诀窍,而且有着惊人的相似:习惯形成性格,性格决定人生。在心理学上,性格的定义是:在生活过程中形成的对现实的稳定态度以及与之相适应的习惯化的行为方式。我们每个人的性格形成都是经过了长时间的积累,没有谁的性格是与生俱来的。

而对于习惯,北京大学心理学博士卢致新说:"习惯两个字一直在起作用:一个人习惯于懒惰,他就会无所事事地到处溜达;一个人习惯于勤奋,他就会孜孜以求,克服一切困难,做好每一件事情。"如同自然界动物的条件反射一样,人们则是在不知不觉养成的习惯中得以生存。有这样一则小故事可以说明"反射"与"习惯"是生物界普遍存在的属性。

一对住在山上的父子每天都要赶着牛车下山卖柴。山路崎岖,弯道很多。老父较有经验,坐镇驾车;儿子眼神较好,总是在要转弯时提醒道:"爹,转弯啦!"

这天,父亲因病无法出行,儿子便一人驾车下山。到了弯道处,牛怎么也不肯转弯。儿子用尽各种方法又推又拉,然后又用青草诱之,可是牛依然是一动不动。

正在儿子百思不得其解、手足无措时,他突然想出一个办法:环顾四周,看到左右无人后,便贴近牛的耳朵大声叫道:"爹,转弯啦!"

牛应声而动。

牛用条件反射的方式生存,而人类则以习惯生活。一个成功的人懂得如何依靠好的习惯来成就自己如愿的人生。

有的人一生顺利,有的人命运多舛;有的人事业辉煌,有的人碌碌无为;有的人屡败屡战,最终成功;有的人竭力奋争,结果却一事无成。我们似乎能感觉到:人生的后面仿佛有一只神奇的手在操控。其实这只无形的手不是别的,正是人的习惯。想必这也就是为什么我们在生活中常能看到这样一种现象:成功的人似乎永远在成功,而失败的人似乎永远无法摆脱失败。

优良的性格将直接决定一个人是否能取得成功。罗曼·罗兰就曾说过:"没有伟大的品格就没有伟大的人,甚至没有伟大的艺术家、伟大的行动者。"所以说,行为养成习惯,习惯形成性格,性格决定命运。

好习惯就像一粒火种,起初在我们心中点燃时,如同一堆需要点燃的柴草,小小的火苗落在上面,风大了会吹灭,风小了则燃不起来;柴草太紧不透风,太松又无法聚火;此时我们便要倍加呵护这株小小的火苗,要"哄"着它一点一点燃烧起来、旺盛起来。

我们都希望自己的生活和事业能获得成功,都时刻经营着自己的人生。这无需学历、不靠亲朋,只需具备和养成了成功的好习惯,就可以掌握自己的命运,走上成功的坦途。

当年,苏联宇航员加加林乘坐"东方"号宇宙飞船进入太空遨游了 108 分钟,成为世界上第一个进入太空的宇航员。而让他从数十名候选人中脱颖而出的,正是一个良好的习惯。

在确定最终人选时,20 个候选人实力相当,跃跃欲试。在进入机舱之前,众人中只有加加林一个人是脱了鞋进入的,其实这只是他心细的个人习惯,他怕弄脏机舱。而这一看似微不足道的举动却被主设计师发现,当看到有人对自己

付出心血和汗水的飞船如此倍加爱护时，他深受感动。于是，主设计师当即决定让加加林执行试飞任务。

一个动作、一种行为，多次重复后就能进入人的潜意识，变成习惯性动作。人的知识积累、才能增长、极限突破，等等，都是行为不断重复而成为习惯性动作的结果。有些人过于在意那些优秀的强者表现出来的天赋、智商、魅力和工作热情，而实际上我们把那些表现归纳分析，就会发现存在一个简单的要素，那就是习惯。

习惯是一个人存放在神经系统中的资本，良好的习惯常能使我们一生都用不完它的利息，而一种坏习惯却会让我们一辈子都要偿还它的债务。要想改变自己的命运，最重要的便是丢掉坏习惯，成为好习惯的主人，从而更有力量地去搏击人生中的各种风浪。

自我评估，列出"习惯清单"

"习惯清单"一词起源于美国，意为在自我省察、自我评估的基础上，明确列出自我行为好或不好的一系列习惯性动作。对于习惯清单的作用，心理学家有如下说明：

首先，就像吃饭睡觉等人体自然生物钟一样，习惯清单会成为你生活中很重要的一部分，进而形成一种下意识的反应；其次，通过横与纵的排列以及总结，你可以计算出自己在每个习惯上所耗费的时间，从而得出你生活的侧重；另外，习惯清单是一个弹性很强的清单，也许它更重要的作用不在于告诉你每天要做什么，而是一种训练。

就像电脑程序员将测试遇到的问题列出问题清单那样，我们也可以把自己的坏习惯一一列举出来，时时提醒自己，哪些需要改进、哪些需要继续努力以求得更好的发展。而这一切都是建立在自我认识与自我评估的基础之上。

西班牙有句谚语说:"自知之明是自我改善的开始。"许多阻碍我们成功的习惯是显而易见的。但是,也有一些坏习惯则很难发现,我们甚至觉察不到它们的存在。正如大法官奥利弗·王德尔·霍尔姆斯指出的那样:"我们以为有些事显而易见,其实我们对这些事十分无知。"

所以说,正确认识自己,对于个人的成长进步和工作生活具有重要的作用和意义。正确认识自己是改造自己的前提,一方面,只有看到自己的不足才能增强自我改造的自觉性和紧迫感,产生自我改造的内动力。另一方面,只有正确地认识了自己,才能熟稔于长短,长而发扬、短而收敛,做到不卑不亢,自信而不失容纳之怀。

在古希腊德斐尔神庙的一块石碑上,刻着这样一句箴言:"认识你自己。"卢梭称这一碑铭"比伦理学家们的一切巨著都更为重要、更为深奥。"可以说,认识自我是改变一切的基础。"认识你自己"就是说,对自己的情感、气质、能力、水平、优缺点、品行修养和处世方式,等等,都能做出较为准确、恰如其分的估量和评价,不掩饰、不溢美。

我们可以先从扪心自问开始:我现在是什么样的人?我希望成为什么样的人?哪些习惯在阻碍我的进步?以前我是否注意过它们?然后,再花几分钟时间确切地找出几个我们希望培养的好习惯,以及亟待改掉的坏习惯。进而依次列出清单,用前者替换后者。记住,要用好习惯去克服坏习惯,是替换,而非抹去。

古往今来,众多有志者的经历都告诉我们:事业的成功离不开自身所具备的好习惯。

美国建国期间的伟人富兰克林一生都非常注重培养自己的好习惯,其中之一便是:他每天晚上都要把当天所做的事情重新回想一遍,看看自己在哪些方面做得还不够好。他曾为自己总结出了13个严重的缺点:如办事拖拉、斤斤计较、容易指责他人等。在富兰克林看来,除非他能够减少这一类的错误,否则就不可能有什么成就。

从此以后，富兰克林每一周都针对一项缺点来进行"搏斗"，然后把每一天的"搏斗"结果写成记录。到了下一个礼拜，他会另外再挑出一项缺点，去作另一场"搏斗"。正是这样检视自我并努力改正缺点的习惯，使富兰克林取得了如此巨大的成功，成为美国历史上最受人敬爱也最具影响力的人之一。

良好习惯的形成和改变，是一个循序渐进的过程，不能操之过急。我们应先从大处着眼、小处着手，从行为中养成习惯，从习惯中形成性格。忽视平时良好习惯的养成而想拥有受人喜爱的性格，无异于建造空中楼阁。

著名的"21 天效应"理论对人们的习惯有着这样的定义和发现：在行为心理学中，人们把一个人的新习惯或理念的形成并得以巩固至少需要 21 天的现象，称之为"21 天效应"。这就是说，一个人的动作或想法，如果重复 21 天就会变成一个习惯性的动作或想法。延展开来我们不难得出：改掉一项坏习惯，通常也需要这样的时间。

有了"习惯清单"之后，我们就有了指导性的坐标，依次改掉清单中所有的习惯也许会花费很长的时间。但只要有线可循、有纲可依，一次改掉一个习惯，终有一日我们的生活将会产生翻天覆地的变化。

自己的事，自己作决定

鲁迅先生说过："我自己，是什么也不怕的，生命是我自己的东西。所以不妨大步走去，向着我自以为可以走去的路，即使前面是深渊、荆棘、峡谷、火坑，都由我自己负责。"

鲁迅先生最初是以学医出身，但自从在仙台学医期间观看了一部侵华日军残害中国人的电影后便备感痛心，认为治人心比治人身更为重要。于是鲁迅先生决定弃医从文，走自己的路。用文字唤醒中国人麻木的心，医治病态的人性，让手中的笔成为与敌人对抗的"枪"。

很多时候，我们虽然明白求人不如求己，要做自我命运主人这个浅显的道理，但并不是每时每刻都能这样践行。明明知道有些事情该由自己完成，却总是找出千万条理由来自欺或欺人，总渴望别人能给予帮助。殊不知，自己的事须自己作决定，寻找快乐、追求幸福，无一不是如此。就像电影《如果·爱》中的一句台词所说："记住，对你最好的人永远是你自己。"关键时刻，一切还是要靠自己。

自己的事，任由他人纷说，也要自己作决定。正如意大利诗人但丁在《神曲》中发出的那声呐喊："走自己的路，让别人说去吧。"

诚然，这并不是说做人要一意孤行，听不进他人的意见。但是，也不能人云亦云，更不能因为别人的言行而乱了自己的方寸。否则的话，不仅会在犹豫不决中感到疲惫，还可能失去自我，最终成为别人意见的傀儡。有这样一则寓言，卖驴的老人就没有自己的想法和主见，随着他人的话语而左右摇摆，最后不仅闹出了笑话，还失去了自己的驴。

一位老人和他的儿子牵着驴到集市上去卖。刚刚走出家门不远，就遇到一群在河边洗衣服的妇女,其中的一个女人喊道:"看呀,那两个人真傻,有驴竟然不骑,自己在路上走。"听了这番话,老人连忙让自己的儿子骑上驴,自己高兴地走在他身边。

走了不久,在前边不远的拐角处有一位老者,只听见他暗自叹气道:"现在的人怎么这样不懂得孝敬父母?儿子居然让年迈的父亲走路,自己骑着驴?"听到老者的话,老人只好让儿子下来,自己骑上驴。

又走了几里路,父子俩遇见了一群妇女和孩子。几个妇女大声喊着:"这个父亲可真懒惰,自己骑着驴往前走,看那可怜的儿子都快跟不上了。"老人心里忐忑不安,他只好让儿子和自己一起骑着驴。

当他们来到集市的城门口,有人问:"老先生,这头驴是你家的吗?"老人说是。那人又接着说:"既然是你自己的驴,那你怎么忍心这样对待它?你没看到驴已经快被你们压垮了吗?"老人感到很尴尬,他和儿子一起从驴背上下来,站在原地不知所措。他想了半天,觉得只有一个办法可行,那就是把驴的4条腿捆起来抬着它走。

父子俩花了好大的力气才将驴制服,抬着它继续赶路。经过城门口的一座桥时,人们围着父子俩哈哈大笑,认为他们的行为十分愚蠢。驴被吵闹声惊到了,而且也无法适应被抬着走的方式,于是挣脱了捆绑它的绳子,翻身挣扎起来,结果失足掉进了河里。

老人又羞又怒,连忙拉着儿子回家了。这时,他才有所醒悟:想要人人高兴,结果只能让人人都不高兴,而且还会失去自己的驴。

现实生活中,我们也有可能会陷入和那位卖驴的老人一样的窘境,时常有这样的不解:为什么别人的言行总会影响到自己?哪怕是一个小小的意见、一个不确定的眼神,都会扰乱自己的思绪。有人把原因归结为耳根子立不住,但其实这还并不是真正的问题所在。就其本质来说,是因为我们缺乏独立思考的习惯,没有自己独立的思想。所以,想要立足于世,通过自己的努力过上幸福的生活,就必须学会培养自己独立思考问题和解决问题的能力。

一个有独立思想的人会一直坚持做自己认为对的事情,一心要成为自己渴望成为的人。在追求自我的过程中,即使有过失败,但那种自我归属感和追求成功的快乐也是无法抹去的。每个人都有自己的生活方式和态度,也有自己的评价标准。我们可以参照别人的方式和方法来确定自己所要采取的行动,但决不能让别人的意见主宰自己。

就像《秘密》的作者在揭示生命磁石中指出的那样:"对于你来说,没有什么限制,除非是你自己强加给自己。你就像鸟儿一样,你的思想可以从任何障碍物上飞过,除非你将限制加之于它们而束缚它们,或囚禁它们、或剪断它们的翅膀。没有什么可以打败你,除了你自己。"

在细节中有所改变

"魔鬼在细节。"

这是世界著名建筑大师密斯·凡·德罗在被要求用一句话描述其成功原因时所作的回答。在设计大剧院的时候,他精确地测算了每个座位与音响、舞台间的距离,以及因此导致的不同听觉和视觉的感受,并根据每个座位设计了最合适的摆放方向、大小、倾斜度、螺丝钉位置等。

古今中外,大凡成功者所总结出来的规律大都有着共通的地方。比如我国的圣人老子也曾说过:"天下难事,必做于易;天下大事,必做于细。"可见,再惊天的伟业也是由一件件小事所累积的;要想有所成绩,就必须从细微之处入手。

那么,对自我的改变也是如此。有句话说得好:"细节创造优势,细节凝聚效率。"大改变是由一个个细节组成的,只要一步一个脚印,认真做好每一件小事,在我们不自知的状态下,就已经有了质的飞跃。

人生目标贯穿于整个生命，而我们在工作中所持的态度，就可以逐渐把自己与周围人区别开来。每个人的日常行事，都是由一件件小事构成的。认真做好一件事情并不难，难的是一直如此直至成为一种潜意识里的思维。

很多时候，我们大都因为小事的不起眼而忽略理应的认真，甚至敷衍应付或轻视懈怠。认真做好每一件事，说起来似乎就像在手边、随意都能做得到，但实际做起来却需要持之以恒的意志力。所有的成功者，他们与我们都做着同样简单的小事，唯一的区别就是，有这样一个意识强烈地根植于他们的头脑之中：工作中无小事。所以，他们从不认为自己所做的事是简单的小事。

美国标准石油公司曾经有一位叫阿基勃特的小职员，他在出差住旅馆的时候，总是在自己签名的下方写上"每桶4美元的标准石油"字样。就连在书信及收据上也不例外，签名的底下一定是这样一行字。因此，阿基勃特被同事叫作"每桶4美元"，而叫他真名的人倒是越来越少了。

公司董事长洛克菲勒知道这件事后，为这个员工的细致和敬业而感慨："竟有职员如此努力宣扬公司的声誉，我要见见他。"于是他邀请阿基勃特共进晚餐。从言谈举止中了解到，这是个一直以来把每一件小事都能做好的人，进而提拔他做自己的特别助理。

后来，洛克菲勒卸任，阿基勃特成了第二任董事长。

在签名的时候署上"每桶4美元的标准石油"，这简直是一件微不足道的小事。而且严格说来，这件小事还不在阿基勃特的工作范围之内。但阿基勃特就这样去做了，并坚持把这件小事做到了极致。那些在此之前嘲笑他的人中，肯定有不少人的才华和能力都在他之上，可是最后，只有他成为了董事长。

要想成就一番事业，就必须从简单的事情做起，懂得从细微处入手的道理。再复杂的大事也是由一件件细小的事情累积而成的，天下大事，无不都是由一件件细微的琐事组成的。世界文豪伏尔泰说："使人疲惫的不是远方的高山，而是你鞋里的一粒沙子。"小事并不简单，因为小事常常都是琐碎的，要把它做好,花费的精力和时间并不一定比大事少。海尔集团总裁张瑞敏认为,把每一件简单的事做好就是不简单,把每一件平凡的事做好就是不平凡。

海尔集团在"细节带来改变"这样一种精神的指导下,提出了"严、细、实、恒"的管理风格,把细和实提到了重要的层次上。以追求工作的零缺陷为目标,把管理问题控制解决在最短时间、最小范围,使经济损失降到最低,逐步实现了管理的精细化,消除了企业管理的所有死角,让每一个环节都能够体现出一丝不苟的严谨态度,真正做到环环相扣、疏而不漏。也正是这种认真仔细的态度,让海尔冲出亚洲,走向世界。

任何人参观海尔的生产厂房时,都会感受到这种细节的力量:厂区内每一块玻璃都擦得一干二净,地板通透得像一面镜子,机器设备无一丝灰尘;人们身着一色淡蓝海尔服,在岗位上聚精会神;见面时会轻声示意,车间里只能够听到机器响动的声音,产品一台接一台上上下下,却没有任何的喧哗和躁动。

曾经,海尔在国内 60 多个工厂中脱颖而出,被一家准备在大陆投资的日本公司选中。事后,日本这家公司的老板说了一个极简单的原因:他在参观海尔公司的生产线时,趁人不注意摸了一下备用的模具,竟未见一丝灰尘!就凭这一点,日本老板用没沾上灰尘的手与海尔签订了项目合同。

所以说,留心于细节之处,做好每一件小事,这是一种人生态度。只有养成这样的习惯,做事时才能够平和而坚定,才能在忙碌的生活中保持好行事的方向,时时刻刻严格要求自己。当我们坚持认真做好每一件平凡的小事时,突然就会发现,自己已经发生了不小的改变。

遇事不慌,化险为夷

英国青年水手鲁滨逊由于所乘的货船在海上沉没,孤身一人流落到了一个无人的荒岛上。在进退无路、悲观失望之余,他没有过多地害怕和慌张,而是镇定地去寻找生路。当出路无望时,也并没有灰心,而是开始想办法自救:做竹筏、造房子、种粮食、养牲畜……竭力投入到与大自然的抗争中去。最终,他靠自己的双手,凭借自己的智慧,终于在荒岛上建成了一个世外桃源。

这是被世人所熟知的《鲁滨逊漂流记》的内容。在面对困厄的时候,我们都应像主人公鲁滨逊学习,切莫惊慌失措,被眼前的苦难所吓倒。

慌乱只会让事情变得无章可循,让我们所看到的整个世界都是混沌的,从而引起内心的惶恐。其实,只要我们镇定地站在那些苦厄面前,就自然会把那些有可能打击我们的空隙给封堵住。

无论何时遇到事情就敏感地有所动作,难免会显得较为肤浅。冷静是一种修养,更是一种智慧。成大事者,必须具备在任何情况下都能够沉着冷静、坦然面对的特质,就像孟子所言:"夫勇者,骤然临之而不惊,无故加之而不怒。"尤其在当今这个到处充满变数的社会里,要时刻保持冷静,做一个处变不惊、处惊不乱的人,才能更好地分析并解决问题;否则只会自乱阵脚,甚至火上浇油。

另外,在突遇危险时,只有不慌张才能保持清醒,从而在事发后迅速地分析处境,机敏而勇敢地控制局面,把可能受到的伤害程度降到最低。在 2008 年的"5.12"地震中,就涌现出许许多多临危不乱、沉着冷静的救人(自救)英雄。

5 月 12 日,14 点 28 分,刚上完化学课的雷楚年在二楼的走廊上,一脸轻松。这一年他 15 岁,是彭州市磁峰中学初三(3)班学生。

突然,地动山摇,只听到一声"地震了,快跑!"雷楚年迅速反应过来。身为体育健将的他,动作十分敏捷。他飞快地向楼下冲去,成为整个教学楼里第一批冲出来的学生。在一片恐惧和慌乱之中,雷楚年却看到班主任陈老师在往楼上冲——是去救人!

这时,他没有丝毫犹豫,也立即折身冲回了二楼。回到自己的教室一看,里面竟然还有 7 个同学蹲在墙角。在雷楚年的催促下,6 个同学跑了出来。但雷楚年的好朋友欧静已经被吓坏了,蹲在门口瑟瑟发抖。也许是被突降的灾难吓傻了,欧静一动不动。情急之下,雷楚年一弯腰,抱起欧静就跑。

15 岁的雷楚年并没有太大的力气,加上剧烈的地动山摇,雷楚年抱着欧静跑得更加吃力了,走廊似乎也变得十分漫长。好在欧静终于清醒过来,下地来自己走。在不断掉落的预制板水泥块的"雨林"中,雷楚年护着欧静一路狂奔。可就在没跑出几步的时候,一块预制板垮塌在了雷楚年和欧静之间。欧静顺利地冲下了楼,而雷楚年的逃生之路却被阻断。

危机时刻,他忽然想起了那棵树,就在二楼走廊外一米多远的地方。雷楚年第三次返回二楼,攀上摇晃的走廊栏杆,纵身一跃,他抱住了那棵救命树。

而就在那一瞬间,教学楼在他身后轰然垮塌。

如果在那样的危机时刻不冷静、东奔西跑的话,那么得救的几率就会很低。而雷楚年,一个 15 岁的小男孩,在突遇危险时不但没有惊慌失措,反而用沉着和机敏抓住了求生的机会。

遇到危险,沉着应对可化险为夷;面对意外,冷静处理能够转危为安。很多时候,沉着、冷静的心态是脱离险境、减小损失的最佳选择。世事难料,我们无法预计下一秒钟会发生什么,正所谓"祸兮,福之所倚,福兮,祸之所伏"。在外界环境突变或碰到始料未及之事时,我们更应沉着冷静,时刻保持清醒的头脑,这样才不会影响自身的正确思维,才能及时对客观事物做出准确的分析和判断。这是一种在生活中养成的习惯,更是一种处世的态度,顺境坦然,逆境泰然。

同时,保持深沉,不让他人轻易识破自己的想法,也是处变不惊的一种战略。并不是所有的事情都可以摆在公众面前,让人一览无余的。只有遇事不慌、不自乱阵脚的人,才能够见机行事,决定下一步的行动。若面对困境时手足无措,不知如何是好,或盲目乱动、自缚手脚,不但不能改变现状,而且还很有可能让自己在慌乱的沼泽中陷得更深。

遇事不动声色,把焦虑深藏于心,渐渐地就会形成一种沉着冷静的习惯。只有这样,我们才有可能不被慌张所累,不沦为坏习惯的奴仆,真正成为掌控习惯、主宰命运的主人。

勤奋成就美好人生

一个老人即将去世,他把儿子们叫到床前宣读遗嘱:"孩子们,我就要离开人世了,你们在葡萄园里能找到我埋藏的金银财宝。"

儿子们拿上铁铲、锄头等工具,卖力地把土翻了又翻,以为能找到深藏的金币。

而最终他们什么也没有找到。可是,经过彻底翻整的土地十分有利于葡萄的生长,那年的葡萄长得又多又好。几个兄弟因此酿出了方圆几十里最好喝的葡萄酒,销售一空,果然从此发了财。

不管是主动还是被动,土地被辛勤地耕耘过了,才可能结出丰硕的果实。勤劳是打开成功之门的金钥匙,没有勤劳的汗水,就没有成功的喜悦与幸福。财富不会光顾那些精神麻木、四肢慵懒的人,而真正的幸福也只能在辛勤的劳动和晶莹的汗水中才能找到。

可以说,选择勤劳是我们一生中最快乐的事,通过自己辛勤劳动获得的面包,吃起来肯定会比别人送来的更加香甜。"宝剑锋从磨砺出,梅花香自苦寒来",但凡有作为的人,无一不与勤奋的习惯有着难解难分的渊源。我国著名数学家华罗庚说:"勤奋补拙是良训,一分辛劳一分才。"的确,只要勤奋努力就会有成功的必然。勤劳能塑造伟人,也能创造一个优秀的自己。努力的方向可以各不相同,但勤而不怠的品质却是一样的。

"有一个理念,会遭到虚度岁月的人、无知的人和游手好闲的人的强烈反对,"英国著名的学院派肖像画家雷诺兹说,"我却不厌其烦地重复它。那就是:你千万不要依靠自己的天赋。如果你有着很高的才华,勤奋会让它绽放无限光彩。如果你智力平庸、能力一般,勤奋可以弥补全部的不足。如果你目标明确、方法得当,勤奋会让你硕果累累。没有勤劳的工作,你终将一无所获。"

让人们感到激动的是,勤奋并非取决于先天条件,而是可以靠后天培养的。激起勤奋动力的原因也有很多种,有的是心怀抱负和信念,也有的是因为被磨难所激发,从而倍加勤勉起来。伟大的雄辩家德摩斯梯尼的故事,就能带给我们一些启迪。

德摩斯梯尼天生口吃、嗓音微弱,还有耸肩的坏习惯。在常人看来,这些似乎恰恰是一名演说家所不能有的忌讳。当时在雅典,一名出色的演说家必须声音洪亮、发音清晰、姿势优雅、富有口才。

为了成为卓越的政治演说家,德摩斯梯尼付出了超过常人几倍的努力,进行了异常刻苦的学习和训练。他最初的政治演说让人感到他要想在这一领域有所发展真是希望渺茫,由于发音不清、论证无力,多次被轰下讲坛。为此,他刻苦读书学习。据说《伯罗奔尼撒战争史》被他抄写了8遍;他虚心向著名的演员请教发音的方法;为了改进发音,他把小石子含在嘴里朗读,迎着大风和波涛讲话;为了去掉气短的毛病,他一边在陡峭的山路上攀登,一边不停地吟诗;他在家里装了一面大镜子,每天起早贪黑地对着镜子练习演说;为了改掉说话耸肩的坏习惯,他在头顶上悬挂一柄剑或悬挂一把铁锹;他把自己剃成阴阳头,以便能安心躲起来练习演说……

在训练自己发音、讲话、上台的同时,德摩斯梯尼还努力提高政治、文学修养。他研究古希腊的诗歌、神话,背诵优秀的悲剧和喜剧,探讨著名历史学家的文体和风格。柏拉图是当时公认的独具风格的演讲大师,每次演讲,德摩斯梯尼都前去聆听,认真体会并总结大师的演讲技巧。

经过十多年勤奋不懈的努力,德摩斯梯尼终于成为一位出色的演说家。他著名的政治演说为他建立了不朽的声誉。他的演说词结集出版,成为古代雄辩术的典范,打动了千千万万读者的心。

阿德勒就说过:"在生理上的不足能激起精神上的补偿。"德摩斯梯尼身体的缺陷并没有使他的意志屈服,甚至"身残"的压力让他更加坚定了人生的信念。天才来自勤奋,它能超越暂时的失败和挫折,在勤奋中改变自己,成就了一番不朽的事业。

胜利和成功都是伴随着勤劳的人。我们常用敬畏的目光注视着自己心目中的偶像,钦佩他们的丰功伟绩。但要切记:并不是一颗多愁善感的心加上丰富的想象力就可以使你成为莎士比亚。正是勤奋写作和坚持不懈的探索才成就了莎士比亚,他的天才只是体现在自己的作品中。正如他所言:"虽然只用把小斧,多次地砍伐,也能砍下坚硬的橡树。"只要有勤勉的习惯,就算心力再微小,也能感觉到那些进步和喜悦。这些进步就像时钟的指针,仿佛躲避注意似的,即使前进得如此缓慢,也在一小时又一小时地接近终点。

哪里有超乎常人的精力和工作能力,哪里就有天才。不勤奋,无所得。爱迪生的名言众所周知:天才是1%的灵感加上99%的汗水。人的天赋就像火花,它可以熄灭,也可以燃烧起来,而逼它燃烧成熊熊大火的方法只有一个,那就是勤奋、再勤奋。

做事之前，计划先行

有这样一道数学题：泡一壶茶，最短需要用多少时间？

给出的已知条件是：烧开水需 15 分钟，洗水壶需 1 分钟，洗茶壶、茶杯共要 5 分钟，拿茶叶泡茶 1 分钟。

准确的答案是：17 分钟。

我们是否知道这答案是如何得出的呢？具体的操作方法是：首先，用 1 分钟洗水壶；然后在烧开水的 15 分钟里，洗茶壶、茶杯；等水烧好后，再花 1 分钟的时间拿茶叶泡茶。

众所周知，这就是我国著名数学家华罗庚提出的"统筹方法"，它对我们现在的生产生活有着深远的影响。严格说来，统筹方法是一种安排工作进程的数学方法，它通过打乱、重组、优化等手段改变原本固有的办事格式，从而优化提高办事效率。仔细分析其本质，无外乎透露出两个字的重要性：计划。

像上文泡茶的例子，如果我们没有事先计划而采取了另一种做法，即把需要清洗的东西（水壶、茶壶、茶杯）统统洗好后再烧开水、拿茶叶，那么则需要花费 22 分钟的时间才能喝上茶。这样，就整整浪费了 5 分钟。这就是有没有计划的区别。

当今社会是高速发展的社会，随着社会分工越来越细，工作中我们每一个人要应对的事务越来越多、负荷越来越重、压力越来越大。因此，时常听见有人抱怨工作太多，整天忙忙碌碌，而且愈忙愈乱，忙没忙得，闲没闲得。但也有这样的人，他们举重若轻、有条不紊、事半功倍，不但工作成绩显著，而且娱乐生活也丰富多彩，着实让人羡慕。相比之下，后者就是巧妙地运用了统筹方法，有计划地行事。

有计划地做事，不仅可以让自己的生活有条不紊，还可以更好地处理工作方面的事情。那些成功的人，通常都会习惯于有计划地做事。其实，不管是身边点点滴滴的小事，还是关于一生的目标追求，计划都是不可或缺的。做事有计划不仅是一种习惯，更反映了一种态度，是能否有别于以往做得更加出色的主要因素。

上世纪末，"软银"总裁孙正义以资本做饵，诱使全世界疯狂追逐互联网新贵。在不长的时间里就身价数百亿美元，直追全球首富。而这一切的成功，都来自他 23 岁时"用一年的时间赢得一生"。

1957 年 8 月，孙正义出生于日本佐贺县一个中产阶级家庭。他的祖父从韩国大邱迁到日本九州，先做矿工后务农。他的父亲靠着卖鱼、养猪、酿酒，使家里慢慢过上了小康生活。孙正义从小就表现出超常的领导力，而且做事很有计划。

23 岁时，孙正义花了一年多的时间来想自己到底要做什么。他把自己想做的 40 多种事情都列出来，而后逐一地去作详细的市场调查，并做出了 10 年的预想损益表、资金周转表和组织结构图。40 个项目的资料全部加起来足有 10 米多高。

然后他列出了 25 项选择事业的标准，包括该工作是否能使自己全身心投入 50 年不变、10 年内是否至少能成为全日本第一。依照这些标准，他给自己的 40 个项目打分排队，最后计算机软件批发业务脱颖而出。

用十几米厚的资料作事业选择，目光放在几十年之后，这样地深思熟虑，这样的周密规划，注定了他日后的成功。

在制订计划的过程中，我们会周密地预测执行过程中可能会出现的"意外因素"，从而在问题发生时能够按照当时的实际状况和预先考虑的对策有条不紊地进行解决。这样，人们就能够减少犹豫，减少无谓的精力浪费，少走弯路，从而在尽可能短的时间内做尽量多的事情，提高工作效率。

卡耐基在劝告一位因做事杂乱无章而手足无措的人时说：

"我们可以把生活想象成为一个沙漏，沙漏的上一半有成千上万粒的沙子，它们都慢慢地、很平均地流过中间那条细缝。除了弄坏沙漏，我们都没有办法让两粒以上的沙子同时通过那条窄缝。我们每一个人都像这个沙漏，每一天早上开始的时候，有成百上千件的工作，让我们觉得一定得在那一天里完成。可是如果我们不按照计划一次做一件，让它们慢慢地、平均地通过这一天，像沙粒通过沙漏的缝隙一样，那么到头来有可能一件事也没有干成。"

一次只流一粒沙，一次只做一件事。对自己要完成的事情根据轻重缓急，有步骤、有准备、有措施并有安排地进行，这就是计划先行。这不仅能帮助我们有条不紊地照料自己的生活，而且帮助我们更好地处理各种事情。按照计划中的每一步准备好，接下来，只要一步一步朝着目标的方向走下去就可以了。当最后一步也被做完的时候就会发现，我们的目标已经实现了。

古语言："凡事预则立，不预则废。"这里的"预"说的就是一种预见性和计划性。也许我们以前做事也有明确的目标和坚定的意志，但往往仍是徒劳无功；若想改变这样的局面，就必须培养自己事先计划的习惯。准备重组了，才能取得满意的结果。

第五章

改变形象，每天都能看到新的自己

　　我们记住了 CoCo 香奈儿的永世优雅，记住了杰奎琳·肯尼迪的独特性格，还记得戴安娜王妃的音容笑貌……这些优秀的人用她们独特鲜明的形象创造了一个时代的佳话，并永远留驻人们心间。可以说，她们造就了自己的形象，而形象又造就了她们传奇而伟大的一生。

　　此时的形象可以显露出我们的学识、修养、品位，还可以判定出未来的事业甚至命运。穿对衣服、选对发型、妆容典雅、仪表优美，都会让我们从一个全新的自己身上看到未来不一样的光明。毋庸置疑，改变自己，从改变形象开始！

你的形象传递出的信息:"我是这样的人"

大哲学家亚里士多德去参加宴会,起初入场时他只穿了一件普普通通的衣服。主人根本没有注意到他,态度十分冷淡。

这时,亚里士多德马上出去换了一件崭新的皮大衣,重新回到了宴会。主人的态度马上变得十分殷勤,他邀请的客人们也纷纷起来向亚里士多德表示敬意,前来向他敬酒。

亚里士多德见此情景,马上脱下自己的大衣,拎着大衣说:"喝酒吧,亲爱的大衣兄弟!"

许多人都奇怪地看着他,亚里士多德说:"你们不了解,我的大衣兄弟可是十分清楚,它让我成为此时此刻这样的人。所有的礼节都是冲着它来的,它才是今天的客人。"

以貌取人的观念的确不值得提倡,这是众所周知的。但在实际交往中,我们还是不由自主地倾向于形象良好的人,或者说得再深入一点就是:形象好的人往往大受欢迎。

犹太人中流传着这样的谚语:人在自己的故乡所受的待遇视风度而定,在别的城市则视服饰而定。也就是说,一个人在故乡时,因为人们了解他的言行,故而所得到的评价并不受衣着的影响;但如果到了他乡,人们则会根据其外貌特征、衣饰装束、言谈举止等因素所综合而成的形象来评价他。

埃丝黛·劳德是世界化妆品王国中的皇后,她拥有价值几十亿美元的化妆品王国,是世界化妆品领域的主要代表。

但实际上,埃丝黛出身贫穷,且并没有受过多少教育,她是以推销叔叔制作的护肤膏起家的。最初,为了能够多卖出一些产品,她每天都不得不走街串巷。后来,她决定将产品定位于高档化妆品,但却一直没有什么效果。

有一天,埃丝黛终于忍不住问一个拒绝购买她产品的客户:"请问,您为什么拒绝购买我的产品呢?是我的推销技巧有什么问题吗?"

客户的回答让埃丝黛记住了一辈子:"不是技巧有问题,是你的形象不好。你的形象告诉我你根本就是一个低档次的人,让我怎么相信你的产品就是高档次的?"虽然客户的话带有轻视的意味,但埃丝黛却兴奋异常,因为她从中找到了自己问题的关键:产品的档次取决于自己的档次。

于是,埃丝黛决心对自己的形象进行精心改造和包装。她模仿富贵名门和上层妇女,像她们一样穿着打扮,像她们一样举手投足。另外,她注意培养自己的自信心,让整个人看上去魅力四射。慢慢地,有越来越多的人热衷于她推销的产品。从此,埃丝黛一发不可收,直至建立了自己的化妆品王国。

不管我们愿不愿意,我们每个人平均只有 10 秒钟的时间给他人留下自己的第一印象。这就像在看一件商品时,如果我们连外面的包装都不感兴趣,又怎么会费心地打开外盒而看到里面的价值呢?西方学者雅伯特·马伯蓝比教授研究出的"7 / 38 / 55"定律指出:旁人对我们的观感,只有 7% 取决于谈话的真正内容,而有 38% 在于辅助表达这些话的方法,也就是口气、手势等,另外 55% 则决定于我们的形象。

形象,并不是一个简单的穿衣、长相、发型、化妆等外表的组合概念,而是一系列细微事项的综合组成,是一种外表与内在结合的、在流动中留下的印象。形象的内容宽广而丰富,它包括我们的穿着、言行、举止、修养、知识层次、生活方式,等等。它们在清楚地为你下着定义,无声而准确地在讲述你的故事——你是谁、你的社会位置、你如何生活、你是否有发展前途……正是这些对你无比重要的综合因素,确立了你在人类社会大家庭里独一无二的个人形象。形象的综合性以及它所含有的丰富内容,也为我们塑造成功的形象提供了很大的回旋空间。

　　一项针对1974年加拿大联邦政府选举的研究发现，外表有吸引力的候选人得到的选票比外表略逊一筹的候选人多两倍多。

　　1980年的美国总统竞选，与里根英俊、高大、富有感召力的形象相比，竞争对手杜卡基斯无论是外表还是声音，无论是在台上演讲还是在台下表演，都显得"不像个领袖"，因而落选。而演员出身的里根用自己的服装、打扮、声音、微笑、手势以及高超的演技，都表现出一个具有迷人魅力的领袖形象，从而掩盖了他在其他方面的不足。

　　时间再往前推20年，同样是美国的总统竞选——1960年的尼克松与肯尼迪之争，年轻、英俊、风流倜傥的肯尼迪看起来坚定、自信、沉着，浑身散发着领袖的魅力。就好像他不仅能够主宰美国的政坛，而且连世界的局面也能掌控一样。当他提出"不要问国家能为你做什么，问一问你能为国家做什么"的口号时，一时间在以"自我"为中心的国度里激起了美国人民一股爱国热潮。他不仅塑造了美国人梦中理想的领袖形象，而且树立了领袖形象新的、最高的标准。

　　几十年过去了，肯尼迪的形象一直让人难以忘怀。30年后，克林顿再度让美国人民旧梦重温。受到肯尼迪的影响，克林顿从小立志从政，他以肯尼迪为榜样，仪态、举止处处符合美国人渴望的总统形象，从而终于登上美国总统之位。

　　从心理学的角度来看，人人都有呵护美、向往美、追求美的心理。这种心理引导着大家积极地爱美、扮美、学美，因此在现实中，人们总会对美的人或事物有所青睐。如此一来，这种"以貌取人"的做法也就不难理解了。无论是高矮胖瘦，只要注意，总能装扮出个性的美。而一旦我们的外表、穿着打扮给人深刻而良好的印象，许多契机也就会自然而然地产生。

别输在穿着上

有位工作能力很强、与同事相处也颇为融洽的女同事，似乎已经占据了在职场生存中"业务""人际"的两大法宝。可唯一美中不足的就是：她的外表实在有点儿邋遢。

这位女同事从来不喜欢化妆，似乎对自己的不修边幅也毫不在意。她常常搞不懂为什么自己工作认真努力，升迁却总也轮不到她。

其实，周围的同事都能看得出来，这是因为她在外表上吃了亏，而不是工作能力的问题。每每遇上重要的事情欲让她接洽，领导又总会出于公司形象的考虑而让另一个人代替她，因为领导担心客户以貌取人，认为这是一家不注意形象、不专业、不敬业的公司。

西方有句谚语："你就是你所穿的！""以貌取人"，这也许是人类无法改变的天性。

就像一位华裔投资商曾对人说的："我怎么也不能相信那个穿着旅游鞋、牛仔裤，头发如同干草，说话结结巴巴的小子，从他穿着的形象到个人素养都不能让我信服他是一个懂得如何处理商务的领导人。"

人们总喜欢把优秀的服装与优秀的人、丰厚的收入、高贵的社会身份、一定的权威、高雅的文化品位等相联系，穿着出色、昂贵、高质的服装就意味着卓越的成就。我们不妨想一想自己身边的人，那些穿着不凡而出众的人，也自然会让我们另眼相看。

对于整体的个人形象来讲，服装起到了不可忽视的作用。而对于我们的事业，衣着的打扮更体现了一个人的品位修养，甚至是对工作本身的理解。企业在选择或者提拔职员时，如果面临竞争，那么穿着出色而让人看上去值得信任的人更容易受到青睐。

英国历史上第一位女首相撒切尔夫人，是一位对别人衣着毫不关心，对自己的衣着却非常在意的人。她对自己的服饰、化妆等都有极其考究的要求。

在她身上，没有一般女人的珠光宝气和雍容华贵，只有淡雅、朴素和整洁。少女时代的她就十分注重自己的衣着，但并不标新立异、哗众取宠，而是朴素大方、干净整洁。

从大学开始，她受雇于本迪斯公司。她那时的衣着给人一种老成的感觉，因而公司的人称她为"玛格丽特大婶"。每个星期五下午，她去参加政治活动时，都头戴老式小帽，身穿黑色礼服，脚蹬老式皮鞋，腋下夹着一只手提包，显得持重老练。虽然有人笑话她的打扮过于深沉老气，但她却有自己独到的见解：这样的打扮能在政治活动中取得别人的信任，建立起威信。她的衣服从不打皱，让人觉得井井有条是她一贯的作风。

从服饰方面注意自己的仪表形象，对撒切尔夫人事业的成功的确起到了一定的作用。

好的形象既包括与生俱来的天生丽质、俊朗秀丽，也包括后天的衣着打扮。人们经常会下意识地把一些正面的品质加到穿着打扮漂亮的人身上，像聪明、善良、诚实、机智等。而通常情况下，当作出这些判断时，恐怕连我们自己也没有觉察到衣着在这个过程中所起到的作用。

日本管理学家齐藤竹之助认为，人与人初次交往，90%的印象来自服装。英国前首相丘吉尔也认为，服装是最好的名片。在社会交往日益频繁的今天，人们越来越重视自己的着装，力求在某些特殊的场合因得体的着装而获得某种交际优惠。

俗话说："人靠衣裳马靠鞍。"不合时宜的着装，会给人造成一种品位不高、层次欠佳的感觉。如此，或许我们也就无从获得更多的机会了。

玛丽经过近3年的奋斗，终于如愿以偿地成为一家大公司下属公司的公关部经理。她能力出众、干劲十足，几乎每一次谈生意都马到成功，因此深受公司老板的赏识。

然而，正当她踌躇满志的时候，却突然接到公司的一纸解聘书。事情的经过是这样的：

不久前，公司迎来了一位实力雄厚的大客户。为此，从总部到下属公司都做了充分而细致的准备，一副不惜一切都要争取到这位客户的士气。

可当玛丽出现在谈判桌旁时，她的穿着却让人大吃一惊。那天，她穿了一件超低领的紧身针织上衣，配上紧身弹性超薄外衣，一时成了会场的焦点。谈判开始后，客户对玛丽格外关注，眼睛一直盯着她，而对公司提出的条件与内容似乎毫无兴趣，反而不停地向玛丽问这问那，纯粹变成了朋友间的私人谈话。

突然钟声响起，客户如梦初醒，连忙站起来抱歉地对玛丽说因为要赶飞机，他必须走了。

花费了巨大的人力物力却毫无所获，这让公司领导简直恼羞成怒，当即下令解雇玛丽。

在玛丽还陶醉于充满浪漫色彩的谈话以及自己"不俗"的服装品位之中时，她已经成为了一名失业者。而这完全是由于她不懂得如何穿着的缘故。

要知道，企业要的是职员，而不是演员。一味追求靓丽的穿着，而不去考虑自身形象是否和所要求的职业形象相吻合，那结果就可想而知了。

在穿衣戴帽之前，想一想我们所在的行业以及所处的环境，尽量避免穿错衣服的尴尬，不要让自己输在穿着上。我们可以从此学习一些服饰搭配的常识和技巧，一改以往给人不修边幅、不懂搭配的印象。在穿出自我风格的同时，也从外及内地影响了自己、改变了自己。

换个发型，你会发现思维也会不一样

余某是公司销售部的经理，富有朝气的短发显得他很精神。回忆初到公司的时候，余某长发拂面，头发将脸遮住了一大半，整个人都显得毫无生机，销售额月月垫底，心情也好不到哪儿去。后来，在同事的建议下将长发剪去，从头开始。从那个月开始，余某的销售额一路飙升，1年后荣升销售部的经理。

换个形象展现给别人，自己也换个新角度来看看某些人，思考某些事情，作出某些决定。

俗话说：从头开始。头部位于身体的最上方，居高临下，占据十分有利的"地理位置"，因此也是最引人注目的地方。当我们和别人近距离接触时，发型就有可能变成自己的"闪光点"。在闪出不同的光、表现不同形象的同时，也就决定了发型主人的自我感觉和思维习惯。

发型是令人直接感受到精神及个性的地方。不同的发型可以塑造出不同的视觉效果，发型设计可以使人活泼年轻，也可以让人变得端庄文雅，起到修饰脸型、协调气质的作用。

发型在我们的形象中是一种独特的语言，它更能直观地体现人的身份、年龄、个性、气质等特征。不同的发型会让人联想到不同的特定身份，从而也决定了我们自己的思维方式。比如一个男性艺术家在脑后梳一条马尾辫或者是长发拂面，人们也许会觉得那是艺术家气质的体现；相反，当一位普通男性看到镜子里的自己头发过长、遮掩挡耳，又怎么能调动起自己积极、干练的行事风格呢？

如同在特定的场合应该有特定的形象一样，不同的风格和思维要求也决定了不同的发型。某电视台新闻节目的主播和娱乐节目的主持人，在发型上就绝对不是一个标准。这不仅是因为传达给观众的形象感觉的差别，而且对出镜人本身来讲，干净整洁的发型让新闻播音员有清爽的思维，时尚炫丽的发型让娱乐主持人自己也感到活力四射。

某电视台内部有一个专门的机构，负责监督主持人的形象，叫出镜委员会。这个机构的成员是由该电视台资深的节目主持人担任，很像是该电视台主持人的"长老院"。主要的工作是对主持人上镜之前做一些培训，进行集体审看。

曾经是该电视台出镜委员会的一名成员说："电视台出镜委员会主要是对主持人的形象进行监督。主持人的发型当然在监督之列。"他介绍，监督并不是完全由出镜委员会一个组织完成，而是和栏目组一起完成。主持人的形象不能太越位，要保持一定的延续性。比如他自己的二八分、其他同事的飘逸长发及锅盖头等发型，他们的发型已经成为个人的标志，甚至是他们所主持节目的标志。人的长相是天生的，屏幕形象却可以塑造。一旦这个形象被观众定位，就不能随便改变，要在观众心目中保持这个形象，所以发型也不能随意改变。

刘某自从担任该电视台儿童节目的主持人后，就以其生动活泼的造型被广大小朋友所熟悉。但就连刘某自己也没想到这个发型一留就是十几年，曾经想改变发型的她表示："我们变发型要通过电视台出镜委员会的批准和审查才可以。"

一个人的发型是他仪表美的一部分，头发整洁、发型大方是个人礼仪最基本的要求。整洁大方的发型易给人留下神清气爽的印象，而披头散发则会给人以萎靡不振的感觉。发型美是构成良好整体形象的一部分。

随着人类审美能力的不断提高，对发型美的要求也就越来越多样化、艺术化。一般来说，发型本身是无所谓美丑的，只有一个人所选的发型与自己的脸型、肤色、体形相匹配，与自己的气质、职业、身份相吻合时方能显现出真正的美。决定发型美的许多因素是人所无法随意改变的，但通过对不同发型的选择,可以充分展现自己不同侧面的思维,从而从形象到行动都有与众不同的改变。

让自己"浓妆淡抹总相宜"

一位著名的化妆师对妆容的境界是这样说的:"化妆的最高境界可以用两个字形容,那就是'自然'。最高明的化妆术是经过非常考究的化妆,让别人看起来就像没有化过妆一样,并且要与主人的身份相配,能自然表现出人物的个性与气质。

"次级的化妆是把人凸显出来使之醒目,引起众人的注意。

"拙劣的化妆是一站出来就被别人发现化了浓妆,而这层妆是为了掩盖自己的缺点或年龄的。

"最坏的一种化妆,是化过妆以后扭曲了自己的个性,又失去了五官的协调。例如,小眼睛的人竟化了浓眉,大脸蛋的人竟化了白脸,阔嘴的人竟化了红唇。"

化妆应该是让我们看起来更加美丽,但并非是要让自己变成另外一个样子。我们实际上想得到的评价是"你真漂亮",而不是"你看起来真像某某人"。

我们常听到这样一种说法:美丽与智慧都是上帝赐予的,当我们没有被给予骄人的美貌时,就可以用智慧来弥补这一缺陷。而化妆也是其中一种智慧,是一种能雕饰出美丽的智慧。

化妆可以帮助人们增加自信心,营造良好的情绪;既自我愉悦,又取悦他人。化妆的目的是提升我们的自然美,同时淡化那些不足之处,最大程度地让我们的容貌变得更加动人。化妆应该是轻描淡写完成的一个奇迹,应该融入我们的头发、皮肤和眼睛的颜色,展现出全方位的美丽。让自己"浓妆淡抹总相宜",能够为我们的事业和生活增光添彩。

美国最杰出的 10 名女企业家之一埃丝黛·劳德,以其女性的敏锐及聪慧创造了埃丝黛·劳德化妆品系列,风靡美国及欧洲市场,她由此而登上了世界化妆女王的宝座。

她喜欢的名言是:世界上没有丑陋的女人,只有因不注意修饰而显不出美丽的女人。作为社交界的名流,著名的温莎公爵夫妇、摩纳哥的格丽丝王妃,美国前总统尼克松夫妇、里根夫妇以及英国查尔斯王子与戴安娜王妃,都是她的亲密朋友。

埃丝黛·劳德认为,每一个人都是一个潜在的美人,差别在于你是否能够注意挖掘和表现出你潜在的独特美。

一般来讲,除特殊场合外,普通的生活妆和工作妆均以淡妆为宜。淡妆突出了人的天生丽质,做到扬长避短,自然而不露明显地修饰痕迹。略施粉黛,淡淡几笔,恰到好处。而不分场合的浓妆艳抹,往往让人感到有失品位。

要想做到"浓妆淡抹总相宜",不仅要根据场合,更要以自身的特点为出发点。脸型、五官的大小,都决定了与之相配的不同妆容。相比西方人来说,东方人的脸型比较平坦,立体感差,因而要十分注重立体打底手法的运用,充分利用阴影色、高光色、深浅不一的粉底等在脸部进行雕塑修饰,力求展现立体而生动的面部形象。

阴影色是比基本底色深的粉底,打在脸部需要缩小或凹陷的部位,如腮部、面颊等。阴影的晕染应柔和自然,看不出明显界线,不同的脸型涂抹阴影的部位也不一样。高光色是比基本底色浅的粉底,打在脸部需要突出或凸起的部位,如额部、T字形区、下巴等处。不同的脸型涂抹高光的位置也有所不同。下面是一些著名设计师根据不同脸型给出的几点建议:

1.圆形脸用阴影色涂于两腮,胭脂紧紧衔接阴影色,斜向上方,过渡要自然。

2.由字脸(正三角脸型)的阴影色和圆形脸一样,而亮色则要涂于外眼角上下部位,胭脂与阴影色自然衔接。

3.方形脸也是要用阴影色涂于两腮,而亮色则涂在外眼角的上下部位,上部稍宽,胭脂与阴影色自然衔接。

4.国字脸(长脸形)用阴影色涂于下颌角轮廓周围,亮色涂于外眼角上下部位,胭脂涂于颧骨略向下与耳前的部位,横向前下晕染。

5.申字脸(菱形脸)的阴影色则要涂于颧骨旁与耳前下方,亮色的涂抹则以外眼角上部为主,稍向下晕染;胭脂涂于颧骨稍外侧上方,向下晕染,与阴影色自然衔接。

为了使自己脸上不符合一般审美标准的部位具有个性美,在化妆时应注意要仔细分析脸型及五官的特点,先找出哪些是理想的、哪些是不理想的,哪些是应该强调的、哪些是应该遮盖的。只有明确了自身的基本情况,才能确定正确的化妆修饰方法。

如此看来,化妆虽然有许多共性的规律,但也要因人而异。如果仅仅停留在描眉、画眼、抹口红上,那只能算作初级阶段,只是掌握了化妆的技术而已。而通过化妆对形象进行塑造,扬长避短,从外部形象上能够充分体现内在气质和性格,才是化妆的精髓,才是表现个性魅力的最高境界。而这对一个人的审美能力与分析判断能力就提出了更高的要求。

要想在形象上与以往有所不同,达到"总相宜"的程度,就应该注意在强调优点时不过分,以避免画蛇添足之感;掩饰不足时不勉强,以获得真实可信之美。在掌握了基本方法的基础上择适而从,才能创造出与众不同的个性美。

学会微笑，说不定会换来一个惊喜

几十年前在美国，有这样一则新闻曾经轰动一时：一个陌生的路人将 4 万美金现款给了加利福尼亚一个 6 岁的小女孩。

在大人的一再追问下，小女孩终于说出了令大家从没想到的答案："我只听见他像是对自己说了一句话——你天使般的微笑，化解了我多年的苦闷。"

原来，这个陌生人是一个富豪，因平时给人的感觉过于冷酷，几乎没有人敢对他笑，他自己也过得并不快乐。当他遇到小女孩的时候，女孩天真无邪的微笑驱散了他长久以来的孤寂，打开了他尘封多年的心扉。

微笑是一种很神奇的力量，发自内心的微笑会让自己感觉到幸福，同时也带给别人温暖。如同从心底飘出的一朵莲花，这种美丽令人一见倾心。微笑是最原生态的吸引，它会让人有被认可、被喜欢的安慰感。有时候，它比语言更有魅力。不需要花费什么，但却能创造许多奇迹。

一个微笑只是瞬间，但有时对它的记忆却是永远。世上没有一个人富有和强悍得不需要微笑，也没有一个人贫穷得无法通过微笑而获得改变。一个微笑能为家庭带来愉悦，能在同事中培养善意。然而，它却买不到、求不得、借不了、偷不去。

寻遍世界，只有微笑最动人。一个不漂亮的女子倘若在阳光下微笑，那种光彩恐怕是浓妆艳抹的女人都难以比拟的。如同在百无聊赖的冬天，屋外是冰天雪地，我们却正坐在火炉旁微饮小酌，与亲友笑谈，如沐春风。

有一本《用微笑把痛苦埋葬》的书，其中有这样几句话："人，不能陷在痛苦的泥潭里不能自拔。遇到可能改变的现实，我们要往最好处努力；遇到不可能改变的现实，不管让人多么痛苦不堪，我们都要勇敢地面对，学会用微笑把痛苦埋葬。"

这本《用微笑把痛苦埋葬》的作者是一位极普通的女性,是和普天下所有母亲一样,有着一个最亲爱的儿子的妈妈,她叫伊丽莎白·康黎。

第二次世界大战期间,在庆祝盟军于北非获胜的那一天,伊丽莎白·康黎收到了国际部的一份电报——她的独生子在战场上牺牲了。

那是她亲爱的儿子,也是她如命般唯一的亲人!面对这个突如其来的残酷打击,伊丽莎白·康黎的精神瞬间便几近崩溃。她心灰意冷、痛不欲生,遂决定辞去工作,离开这个伤心的地方,随处飘然于世,了度余生。

当她整理行装的时候,忽然发现了一个发黄的牛皮纸袋里装着的一封信。打开一看,才知道那是儿子几年前到达前线后写来的。

伊丽莎白·康黎几乎不敢触碰信件的封口,在泪眼婆娑中,她终于颤抖地打开了信封。一张发黄的便笺纸掉了出来,上面写道:"请妈妈放心,我永远不会忘记您对我的教导。不论在哪里,也不论遇到什么灾难,我都会勇敢地面对生活,像真正的男子汉那样,能够用微笑承受一切的不幸和痛苦。我永远以您为榜样,您的微笑永远在我心中。"

伊丽莎白·康黎热泪盈眶,反复地摸索着信纸,读了一遍又一遍。她似乎看到儿子就在自己的身边,用那双炽热的眼睛望着她,关切地问:"亲爱的妈妈,您为什么不能像您教导我的那样去做呢?"

终于,她打消了背井离乡的念头,不停地在心里强化一个信念:"只有自己才能救得了自己。我应该用微笑埋葬痛苦,继续顽强地生活下去。我没有起死回生的能力去改变事实,但我有能力继续生活下去。"

后来,伊丽莎白·康黎写过很多本书,其中《用微笑把痛苦埋葬》在世界各地都非常畅销,一举成就了她作为一名出色作家的荣誉。

人生在世,困境与挫折都是在所难免的。无论阴云密布,还是苦难重重,我们都要用微笑去面对。这看似柔弱的微笑可以让我们重新鼓起生活的勇气,可以让冰封许久的心灵感受到融化的暖意。

当我们身处于陌生的环境,一个微笑就能化解所有的不安;当与人相处有了芥蒂,重见时的相逢一笑,便让多少仇怨泯灭;艰难时一个鼓励的微笑,便仿佛让窘迫难耐有了回转的空间;沮丧时一个理解的微笑,沉沦于泥淖中的心也会得到暖阳般的慰藉。这比怎样的妆容都更加动人。而嘴角上扬的"招牌",才是属于我们独有的形象。微笑后,也许就会是另一番天空。

第六章
聪明人说话的确与众不同

　　语言的交际能力有时往往会超出人们的想象，一个会说话的人，总能在生活和工作中如鱼得水。这是一门艺术，不仅要明确自己的谈话目的，还要分场合、分状况，巧妙地把"实话"发挥它应有的最大效果。

　　要做一个说话不一样的人，必须依靠自身的努力。当我们从说话态度、语气、方式上都有所改变的时候，就会发现周围有那么多友善而乐观的人，而这个世界也是如此的美好。

到什么庙烧什么香

和某个地方的人说话，最好用那个地方的口音……说得不地道没关系，只要你说了，便能获得他们对你的认同。在话题方面，比如和小孩的母亲说话，可说说孩子教育和柴米油盐酱醋茶；和贸易公司职员说话，可说说景气问题……说得不深入没关系，只要你开口了，说和他们相关的话题，他们便会不由自主地告诉你很多关于他们自己和工作上的事情。

俗话说："见什么菩萨卜什么卦，看什么对象说什么话。"这意思是说，说话要分人，针对不同的人采用不同的说话方式。有这样一种片面的理解：认为"见什么人说什么话"是极其圆滑和虚伪的表现。但实际上，这恰恰是与人交流沟通的一种秘诀，是了解别人同时也能得到他人认可的一种说话艺术和技巧，是一个人社交能力、学识修养、处世态度的具体体现。

有的人虽然有很强的语言表达能力，却凡事以自我为中心，涵养不足、目中无人，只喜欢谈自己感兴趣的话题，不顾及他人的感受。我们常能看到身边那些与周围格格不入的人，也偶尔能听到官腔十足、招致群众反感的干部讲话。若想比以往有事半功倍的成效，就要学会从说话方式上去改变：与上司说话敬重有加；与朋友说话真诚自如；与下属说话亲切自然。

一般来讲，运用"因人而异"说话法时，可以分门别类地从以下几个方面去考虑。首先，是年龄的差异：对年轻人，不妨采用一些富有激情，甚至是煽动性的语言；对中年人，应讲明利害，供其斟酌；对老年人，应以商量的口吻以表尊重。其次，根据职业的不同，运用与对方所掌握的专业知识关联较多的语言与之交谈，则会大大增加他人对我们的信任感。最后，要有意识地捕捉说话对象的性格特点：若对方性格直爽，便可单刀直入；若对方性格迟缓，则要"慢工出细活"。当然,还应该针对不同的文化程度、兴趣爱好等差异进行选择性地"输出"。

只要我们的方法正确,几乎没有解决不了的问题。有位理发师的故事就足以说明了,说话也是一门值得深究的艺术。

理发师技术过硬,服务态度甚好,尤其善于言辞。当顾客有意见时,只要他一解释,情况即可发生变化。而他带的一个徒弟,虽然性格也很憨厚,干活勤劳,但就是不会说话,面对一些顾客的问题或责难,往往不知该如何解决。

一次,一位顾客理完发后,仔细照了照镜子,觉得不太满意,便提出非议:"这头发留得太长了吧!"

徒弟一听脸就红了,直愣愣地站在那里不知该说什么好。

这时,师傅赶忙走了过来,笑着对顾客说:"先生,您留长点儿好,显得您很含蓄,这叫藏而不露,很符合您的身份与气质。短了,倒难看哩!"

顾客听了,也笑了,连连说:"听你这么一说,倒是也有道理。"

另一位客人在理完发后也照了照镜子,他撅着嘴问徒弟:"你怎么把我的头发剪得这么短呢?"

徒弟很委屈,长了有意见,短了也有意见,叫我怎么好呢?他一下就愣在了那里,一句话也说不出来。

师傅赶忙走过来,满脸堆笑地解释说:"先生,短一点儿更显得您精神。您这短发很有特点,让人一看就觉得您特别干练、精明。"顾客一听,连连点头,满意而去。

又有一位顾客理完发后,一边交钱一边说:"小伙子,你这手艺倒是不错,可就是理发的时间也太长了吧!"徒弟听完后,半晌说不出一个字。

师傅在一旁听得清清楚楚,忙上来解围说:"先生,在头顶上花点儿工夫是值得的。有句话不是说得好吗:'进门苍头秀士,出门白面书生呀!'"

顾客一听,哈哈大笑起来,高高兴兴地走了。

又有一次，一位顾客理发之后，很严肃地对那位徒弟说："你动作倒很利索，可几分钟就理完了，为什么不做得细致一点儿呢？"

听着人家的责难，徒弟只好涨红着脸，无言以对。

师傅看在了眼里，他不慌不忙地微笑着解释说："时间就是金钱呀，这顶上工夫速战速决，不正是为您节省了些时间吗？他是看您太忙了！"

顾客一听，也就没再说什么了。

事后，徒弟向师傅请教。师傅笑着说："年轻人，这服务行业不仅要练技术，还要练说话啊！一句话可以说得使人跳，也可以说得使人笑。这方面你还需要多加锻炼啊！"

想要做到见什么人说什么话，就必须加强我们自身的学习和修养。针对不同的人能恰如其分地说出不同的话，仅凭口才是远远不够的，那些伶牙利齿的"巧舌之妇"，尽管能说会道，但却登不了"大雅之堂"。出色的沟通能力，其实是由多种内在综合素质决定的，需要具有渊博的学识和丰富的人生经验。为此，我们就要在平时多读书、多思考、多实践、多积累。

另外，说话要考虑对方的文化背景。要适应交际的广泛性，就要考虑不同文化背景下说话的不同特点，与说话对象保持一致。从事不同职业、具有不同专长的人所具有的信息类型和兴奋点常常是不一样的。如果从对方一窍不通或一知半解的问题引出话题，就会让人有味同嚼蜡或者无言以对的尴尬。如果能抓住对方职业或专长的特点而引发话题，就能比较容易触动对方心灵的"热"，进而产生共鸣。

被誉为"成人教育之父"的卡耐基曾经说过："一个人的成功，约有15%取决于知识和技能，85%则取决于与人沟通的能力。"可见，语言能力作为现代人必备的素质之一，已愈来愈受到人们的重视。因人而异的谈话方式不仅能表现出自己的素质，更能让对方在与我们的谈话中感受到尊重与信任，从而因说话而改善我们行事、做人的"场效应"。

做人要直,说话要弯

我们都知道成语"文质彬彬"是个很不错的褒义词,形容一个人风度翩翩、举止优雅。而"文质彬彬"的原文和上下句的意思,知道的人可能就不多了。

"文质彬彬"史出《论语·雍也》:"质胜文则野,文胜质则史;文质彬彬,然后君子。"这意思是说:"质朴胜过了文饰就会粗野,文饰胜过了质朴就会虚浮;只有质朴和文饰比例恰当,然后才可以成为君子。"

从中我们能明白这样一个道理:为人过于直率,说话过于直爽,就显得粗俗野蛮了。

有人认为说话时只要遵守真诚和直率的原则,就一定可以取得成效、赢得人缘。事实上,因为人们身份、性格、心理等个人因素的不同,对语言表达方式的习惯肯定也不会一样。如果不分对象地对任何人都用同样的语气、态度或措辞,往往导致的结果会参差不齐,甚至有天壤之别。所以,我们说话要注意分寸,不能够以一句"我很直率"来掩盖自己的过失。

这里,我们讲直话弯说,代表的意思是在不失自己做人真诚、厚道本质的基础上,学会策略的表达方式。尤其是在指出他人不足、谏言献策的时候,更要懂得说话太直误人亦害人的道理。因为,直白的做法往往会把对方的缺点赤裸裸地暴露在光天化日之下,打击了对方的自尊心,贬低了智慧、伤害了感情。就算我们再怎样能言善辩、理由充足、逻辑缜密,也都难以让对方领情,甚至认为我们是在故意用"炫耀"的方式来衬托出他的"无知"。

很多时候,我们没必要直接把话"说透",稍一点拨,兴许就会让对方感受到余音袅袅的弦外震颤。此时的一个眼神、一种声调,或者一个手势,都能起到如话语般显明告知的作用。会说话的高手就像斗牛的勇士一样, 挥洒自如地应付、闪避灾难。

只要能达到一开始的初衷,我们并不一定非要时时、事事都"有一说一"。侧面迂回的路线往往更容易被大多数人所接受。要知道,"拐弯抹角"的说话方式是充分站在对方的角度去考虑、顾及他人的感受,以最柔婉的方式向其传达"话外音"。古时秦国有个叫优旃的人,就深知"弯折"之道。

优旃是秦国的歌舞艺人,个子非常矮小。但他说话幽默,常常能在说笑中影射出大道理。

一次,秦始皇在宫中摆酒设宴,正遇上天下大雨。宫殿中一片欢歌起舞,而殿外执位站岗的卫士却都在淋着大雨,受着风寒。

优旃见状,心里十分怜悯这些卫士,便故意问他们:"你们想休息吗?"

卫士们几乎异口同声地说:"当然非常希望。"

优旃则告诉卫士们:"一会儿如果我叫你们,你们要很快地答应我。"

过了一会儿,优旃上前给秦始皇祝酒,之后又转身走向栏杆旁,大声喊道:"卫士!"

卫士们答道:"在。"

优旃说:"你们虽然长得高大,又有什么好处?只能站在外面淋雨,我虽然长得矮小,却有幸在这里休息。"

秦始皇这才意识到自己的失误,知道优旃是在借用自嘲的形式来讽刺他。于是,秦始皇下令:准许卫士减半值班,轮流接替。

还有一年,秦始皇打算把打猎游乐的园林东延至函谷关,西扩至雍、陈仓一带。这样一来,几千亩农田将全部成为牧场。

朝中许多老臣听到这个消息后都上书劝谏,直接批评这是劳民伤财,是万万不可为的事情。

秦始皇心中异常不快,怒言道:"这天下都是朕的,朕想建个游乐场,你们这些老东西就婆婆妈妈!谁敢再劝谏,拉出去立刻砍了!"

优旃听说后，就趁秦始皇兴致勃勃时探听虚实："听说陛下要扩大园林？"

"有这么回事。"秦始皇得意地说。

"好得很！"优旃说："园林扩大了，可以多养禽兽，要是有敌人从东方来进攻，咱们可以用大大小小的鹿去撞死他们！"

秦始皇不禁被优旃逗笑了。然而仔细想想，为了国家的安危，还是不要过于玩物了。于是，扩建园林的事情就此被否决了。

这就是直话弯说的功效，直的是人心，弯的是策略。人人都有自尊心，都认为自己的决定和想法是正确的，不希望被别人不留一点儿颜面地直接驳斥。很多时候，不讲场合、不讲方式，仅仅只是怀着一颗"我是为你好"的心，去劝说对方，反而会让其产生反感，甚至会产生"怎么只要我想做的，你就反对？我就这样了，你能怎么着"的逆反心理。

不管是规劝也好，谏言也罢，哪怕只是普通的聊天，都要学会改变以往我们直来直去的说话模式。要知道，每个人都有自我反省的能力，都会对自己的言行和判断进行反思。因此在与人交流中，要充分考虑到对方的认知和接受感。若能换位思考，站在对方的角度，也就大都能同时表达了原则，并赢得了人心。兜圈子、拐弯路，看似与我们过去的"直线"方式截然相反，却为我们打造不同以往的人际局面奠定了改变的基础。

有理不在嗓门大

生物课上，学生们面对"何种浓度的酒精用来消毒最好"这样的问题，想当然地异口同声地回答道："自然是浓度越高越好。"不曾想，却断然被否定。

看着学生们一脸的狐疑，老师才解释道："高浓度的酒精会使细菌的外壁在极短的时间内凝固，形成一道'天然屏障'，后续的酒精就再也浸不进去了，造成细菌在壁垒后面依旧存活。"学生们一个个认真地听着这个新奇的理论，若有所思。

老师进而强调："最有效的浓度，是把酒精的浓度调得相对柔和些，润物无声地渗透进去，效果才佳。"

这则小故事很好地说明了与人交谈、讨论，甚至争辩中"嗓门小"的力量。原来，"润物细无声"的柔和有时比狂风暴雨更有力量。这并不是一种软弱或妥协，更不是退让，而是一份有品质的修养、一种更高境界的坚守和水滴石穿的坚韧。

生活中，我们都标榜"道理"，常常是公说公有理、婆说婆有理，各执一词。实际上，所谓道理，有道才有理；而"礼"让则是"道"最基本的体现。若任何一方感到理亏或是"礼"让，相信也就没有那么多不悦的争吵了。

生活的经验告诉我们：有理不在声高。人们往往会有一种下意识的错觉，认为声音越大、气势越强、语气越坚定，就越能说明自己是有理的。但心理学家认为，无声语言所显示的意义比之有声语言要深刻得多。曾有国外的心理学家还就此列出了一个公式：人与人之间的信息传递=7%的语调+38%的语气+55%的表情。这个公式主要强调了无声语言在人际传播中的意义是非常重大的。真正会说话的人不仅会用嘴说，更懂得如何用诸如表情、肢体等"无声语言"来说。

相反,大嗓门甚至粗鲁的争辩方式往往会使对方产生反感,无法使人心悦诚服。充实的论据才是力求理解的保证。言之有理,对方自然会接受客观存在的道理,这比调高八度、大喊口号要有效得多。

有这样一件发生在美国飞行员胡佛身上的事情,足以说明"礼"让不仅是素质的体现,更是明"理"的保证。

胡佛是当地非常有名的飞行员,他胆识过人、技术一流。也正是因为此,才能幸免于这次意外的灾难。

原来,在一次参加飞行表演的返回途中,在飞机降落到距离地面 300 米高空的时候,飞机的发动机突然熄火了。这对于连同飞机里的另外两个人来说,简直就是灭顶的灾难。

在这样危急的时刻,胡佛依靠高超的技艺和过人的胆识,最终把飞机降落在了机场。只是飞机受到严重损坏,万幸的是人员除了一点儿轻伤外,全都安然无恙。走出飞机驾驶位置后,胡佛立即对飞机作了检查,结果发现造成事故的原因是机械师把燃料加错了。

走出停机坪,胡佛的第一件事就说要见一下那位帮他维修飞机的机械师。几乎所有人都以为他要狠狠地痛骂那位粗心大意的机械师。不过这也可以理解,这样大的失误不仅让这架造价昂贵的飞机差点儿报废,而且险些让胡佛一行三人一命呜呼。

但事实却是这样的:胡佛见了那位年轻的机械师以后,走过去揽住机械师的肩膀,严肃却又充满力量地只说了一句话:"为了相信你不再出现这样的失误,明天要起飞的 F-16 还要你来维修。"

还沉浸在紧张、沮丧、痛悔情绪中的机械师,听到这番话以后,简直不敢相信自己的耳朵,直到胡佛离开以后他还没有醒过神来。自然,这件事情本身给这位机械师一次终生难忘的教训。而胡佛在年轻机械师犯了这么大错误的时候,只是寥寥几句含蓄的批评,更触动了机械师的心灵。在"失理"的情况下,胡佛依旧重新给了机械师机会，怎能不让人感激呢？可以想到，下一次检修时，机械师定会万分小心的。

在有理的时候仍能保持这样低平的态度，实在令人钦佩。他并没有因为自己有道理，就冲着机械师大吼大叫，更没有得理不饶人，而是选择更加委婉地表达。想必聪明的胡佛知道，暴风骤雨般的训责很有可能会激起对方的反抗，而绵里藏针地嘲讽也会伤害别人的自尊，就算认识到了错误，也很难得到改正错误的警示。

恰到好处地运用批评，不但能够让犯错的人心悦诚服地认识错误，而且能体现个人的境界。有理不在嗓门大，懂得对形式的把握，拿捏好说话语气的分寸，就能被对方充分理解和接受，自然也就能收到预期的效果。

即使不得已与人争辩时，也应以"礼"相争、以"理"相辩，少一些野蛮，多一些理智。"争辩"不是"争吵"，争吵以声压人，争辩以理服人。而且，有理的事实早晚会澄清，"不在声高"正是锻炼我们克制与沉着的精神，以及谦和与忍让美德的绝好机会。从说话有"理"到懂"礼"的转变，也正是我们现代文明人培养自身必备素养的改变过程。

别让你的话撕了对方的面子

有一家公司的生产部经理跳槽到另一家公司效力,而起因只是由于一次生产会议。

一次,副总裁提出了一个有关生产过程的管理问题,越讲越激动,气势汹汹地将矛头直指生产部经理。为了避免在同事面前出丑,生产部经理对这些问题避而不答。这更惹火了副总裁,各种难听的话便脱口而出。

即使说的是工作,但恐怕也没人能经受住这样当众的羞辱。"会议风波"过后没几天,这家公司就失去了一位能力出众的生产部经理。

像这样不顾场合地对别人责备、挑剔,甚至挖苦、讥讽的现象,我们在生活中并不少见。可当过了一时嘴瘾后,我们有没有想到会给对方造成多大的伤害?会给自己埋下多深的隐患?

自尊甚至是虚荣,本来就是人们固有的属性。通俗说来,就是每个人都要面子,因为这几乎是一个人自尊心的具体表现。有些人可以吃暗亏,可就是不能吃"没有面子的亏"。他们也想争取平等,渴望被人承认,期待公正待遇。

如此看来,我们若想在社会交际中如鱼得水,就要懂得保护他人的面子,尤其是在公众场合,更切忌直率地指责。一些委婉、含蓄的表达方式,不仅保住了别人的面子,也是给自己送上的最好的礼物。而所谓不撕破面子,更多的时候会发生在因不了解对方而造成的沟通不畅甚至争论时,就更不能以怒制怒。最好的方法是主动给自己找个"台阶"下,既不伤害对方的面子,又能为日后的沟通、解释、道歉或劝慰而达成共识创造了良好的条件。

从某个方面来说,人生就是不断地说服他人以寻求合作的过程;反过来也可以说,人生就是不断地遭到拒绝和拒绝他人的过程。拒绝他人也要讲方式,巧妙保护好对方的面子不仅不会让人下不来台，还让人心生感激。

也许，每个芭蕾舞演员都有一个梦想：能在百老汇歌剧院的舞台上有一次演出，许多人毕生的努力就是为了能达到这个神秘而庄严的目标。

有一年，百老汇歌剧院又发出了招聘歌舞剧主角的消息，这引起了芭蕾舞界巨大的反响，很多芭蕾舞演员都从世界各地前往百老汇参加选拔。

几轮筛选过后，大部分演员都被淘汰了，只剩下最后两名。又经过一番较量，其中一人被淘汰，终于留下了那个最后的"得胜者"。

为了维护那位被淘汰者的自尊心，评审员并没有直截了当地告诉她，那委婉而善良的表达足以让那位被淘汰者动心："你的舞艺很好，而且你是一个非常有潜力的芭蕾舞演员，将来一定会取得不凡的成绩。但是，这次本剧所需的角色可能不太适合你。我们需要一位稍微活泼些的演员，这好像与你的个性不太符合。当然，等我们有了适合你的角色，一定会找你来诠释。希望你今后继续努力练功，等待与我们的合作通知。"

在这样一件极尴尬的事情面前，被淘汰者本来已经对自己丧失了最基本的认识，觉得一无是处，什么也做不好。这样的伤害可见一斑。然而，那位芭蕾舞演员却又是十分幸运的，虽然被淘汰了，虽然没有得到很好的角色，听到评审员说的这番没有一丝伤及她自尊心的话后，她感到即使这次离去了，台阶下得也很体面、很舒服，心中的希望也不会因此而破灭。

往往，我们稍微地理解便能给对方带去一个最好的鼓励，无论是生理还是心理上的承受能力。在锻炼了对方的同时，也改变了我们自己为人处世的方式。谦恭有礼地给他人留足面子，方能换来对方的诚恳和信心。

留面子就是给台阶、巧搭桥。这不仅会给他人带来温馨，而且也能培养我们自身的修养。比如说纵使我们以胜利者的姿态而出现时。

1922 年，土耳其和希腊经过几个世纪的敌对后，终于决定与希腊人展开一场彻底的决战，进而把敌人逐出土耳其的领土。

在土耳其著名的统帅穆斯塔法·凯墨尔发表了一篇拿破仑式的演说后,近代史上最惨烈的一场战争展开了,最后土耳其赢得了胜利。

当希腊两位将领前往凯墨尔总部投降时,已经做好了被土耳其人大加辱骂的准备。

但出人意料的是,凯墨尔却丝毫没有显出胜利者的骄傲。"请坐,两位先生,"他说,接着握住他们的手,"你们一定走累了。"

这让希腊的两位降将有些不知所措。还未等他们反应过来,凯墨尔随即安慰他们不要为失败而痛苦,并以军人对军人的口气说:"战争这种东西,最优秀的人有时也会打败仗的。"

即使在胜利的兴奋时刻,凯墨尔还能考虑到敌方的尊严,在大庭广众之下,非但没有挖苦、讽刺、辱骂敌手,反而以第三者的口吻对其进行安慰。

那两位希腊将领被凯默尔的大将风度所深深感染,心里充满了感激,表示愿意率军撤出土耳其,并应允再也不来侵犯。

纵使别人失败而我们胜利了,纵使对方犯错而我们是正确的,也要为别人保全面子。每个人都有一道最后的心理防线,一旦我们不给他人退路,不让他人走下台阶,我们自己的路也可能就不会好走。

因此,在遇事待人时应谨记一条原则:别让一时的话语撕破了对方的面子,这无异于同时拆了自己的台阶。人人都需要面子的保护,给他人留足面子的同时,说不定就会改变我们自己的人生格局。

话说三分,点到为止

一位高僧曾给一个书生开了一副药方,告之如何待人接物。药方只有三句话:热心肠一副、温柔两片、话说三分。

对此,高僧解释道:"值得注意的是话说三分,它有两层含义:其一,这是一种技巧。倘若你有理,而对方又是个聪明人,则无须将理说得过于详细,话说三分也就足够了。其二,这也突出了一种宽容的处世态度。人无完人,对于彼此的不足心知肚明,再巧妙地点上几句,对方自然也就清楚了你的用意,并会感激你留足的面子。"

俗话说得好:"逢人只说三分话。"也就是说剩下的七分就不必挑明了。这并非是狡猾或虚伪,更与光明磊落无关,而是一种说话的艺术和修养的智慧。正所谓言有尽而意无穷,有情尽在不言中。要知道,忠言毕竟难以入耳,让人不易接受。更何况,在没有分清对象、时机的情况下和盘托出,只能是庸人之举。

孔子曰:"不得其人而言,谓之失言。"如果对方不是一个可以倾其所谈的人,那我们所说出的三分话,实际上就已经不少了。极为普通的朋友之间关系浅淡,而我们却与之深谈,那么对方是否会愿意耐心倾听我们叙述?听完后又是否能够完全理解,达到我们所期望的效果呢?如果没有达到净友的地步就贸然说出"逆耳忠言",即使对方修养颇好不至火冒三丈,恐怕也难以一时接受。如果谈及的话题涉及政治、国家,而又没有事先了解对方的立场,只顾自己高谈阔论,说不定还很容易招来灾祸。

由此看来,逢人只说三分话,不是不可说,而是不需说、不必说、不应说。

凡事都讲究天时、地利、人和,说话亦如此。如果不是其人就不必说;虽然得其人而无其时,也不必说;即使得其人,亦得其时,却没有得其地,更是不必说。如果对象不是完全吻合,说出三分真话就已经足够;如果没有赶上恰当的时机，那么此时的三分话就是在暗示对方，以观其变；而如果对象、时间都正好，却没有合适的场合，这时我们说的三分真话就应足以引起对方的注意了。掌握了这样的"三分法"，才有可能彻底改变我们为人处世的境地，做到人情达练的改变。

懂得点到为止的人，在任何时候都能把握分寸，为自己留一条后路。呈现三分，而留七分在其后，无论事物发展到何种地步，都会使自己有足够的空间去掌控。

由此可见，说话是一门艺术，或者锦上添花、或者自毁前程。话音刚出即缥缈，后面的余味留给听者自品。这样，不仅可以泄掉因为溢满之词而惹来的局促，还能锻炼听者的"辨音"能力，加强自省自检的意识。这些都是点到为止所带来的改变，我们又何乐而不为呢？

覆水难收，三思而言

网上流传这样一段类似于顺口溜似的话，对如何说话倒也有一定的指导意义：

急事，慢慢地说；大事，清楚地说；小事，幽默地说；没把握的事，谨慎地说；没发生的事，不要胡说；做不到的事，不能乱说；不开心的事，找准对象说；开心的事，看准场合说；别人的事，小心地说；自己的事，听别人说。

之所以有这样多的"限制条件"，就是因为如同泼出去的水一样，说出来的话就再难收回了；给对方带来的感受以及对周围所造成的影响，是好是坏、是喜是悲，也就几乎无法逆转了。话语是即时性的，这就是人们常说的"覆水难收"。要是说错了话，即使事后万般解释，也难以完全挽回局面。所以更应避免因为一时冲动或大意而信口雌黄、出口伤人。深思熟虑后，才能做到少说无用的话,说好有用的话。

一句在适当时机、对适当对象所说的好话,是需要有日积月累的经验才能说出来的。但我们可以首先做到的是,话到嘴边留三分。当一个想法、一种认识初入我们大脑中时,先沉住气,冷静、客观和全面地去分析,适时权衡利弊,因人、因地、因时地去考虑,这样才能把握好说什么样的话、怎么说,才是最合适的。一般来讲,人们只有在"三思"后才不会一时冲动,才能降低说出蠢话或危险话的几率。

俗话说"祸从口出",如果说话不留心,信口开河,招人妒忌或厌烦,反而得不偿失。若我们话说得好,小则可以欢乐,大则可以兴国;反之,话说得不好,小则可以招怨,大则可以坏事。有这样一个人宴请宾客时发生的故事,就足以说明这一点。

摆开数桌的宴席上,已经时近中午却还有几人迟迟未到。主人自言自语地说:"该来的怎么还没来?"

有的人听到这话也没多想,就继续和旁人说笑聊天了,而有些爱琢磨的客人心想:"该来的还不来,那么我是不该来的了?"于是起身告辞而去。

这个人很后悔自己说的话,连忙解释说:"不该走的怎么走了?"

话音刚落,其他的客人心想:"不该走的走了,看来我是该走的了!"于是,又有一些人也纷纷起身离席告别,最后只剩下一位多年的好友。

好友责怪他说:"你看你,真不会说话,把客人都气走了。"

那人正感到委屈,就辩解说:"我说的不是他们。"

好友一听这话,顿时心头火起:"不是他们!那只有是我了!"于是长叹了一口气,拂袖而去。

所谓开口之前要三思,就是要在俗话说"话赶话"的时候,宁可沉默也不要因一时冲动而信口开河。岂不知人越是在盛怒之时,就越容易词不达意。

也许,让我们在短时间内立刻就改掉以往心直口快、说话不加思索的习惯,也是不太容易实现的。但我们至少可以在下一次开口前,先扪心自问两个问题:这句话在这个场合说是否合适?这句话是否能用于这个人身上?经过这样两层自检后再说出的话,定然有别于以往的冒失与莽撞,自然也就给他人留下了不同的印象。

很多现实中的事例都足以给我们以警示:与人交流时,一定要仔细斟酌,想好再说;倘若能事先多考虑,想好了再说,就可能会大大增加彼此间谈话的融洽感。

日子因幽默变得好过了一点儿

一个乞丐坐在街道边上乞讨,与其他乞丐不一样的是,他的左右手各自拿着一只空碗,等着行人往里面投钱。

一个行人路过此处,停下来往一只空碗里投了一枚硬币,然后奇怪地问道:"另一只空碗是干什么用的?"

乞丐回答说:"最近我的生意做得比较大,我决定再开家分公司。"

行人从乞丐幽默而有深意的话语中自然听出了他生活的艰辛、无奈而又期许的意味,不禁又往另一只空碗里扔了一枚硬币。

如此幽默的话语,乍一听,会给人们平淡的生活中增添一些作料的味道;若之后再一琢磨,便能品出诙谐的想象背后所蕴藏的深意。而通过这样的表达方式所带给人们心灵的冲击,往往比平铺直叙更能抓人。

幽默是一种智慧的产物,能反映情绪智力的高低。可以说,幽默的最高境界便是智慧。俄罗斯作家赫尔岑就曾说过:"笑,决不是一件滑稽的事。"而英国大文豪莎士比亚对此是这样形容的:"笑要有智慧,幽默不单是要单纯逗乐,还要排斥庸俗。"

由此说来，健康的幽默能促进人们身心的发展。蕴藏着人生哲理、妙趣横生、妙语连珠的幽默，常常使人思想乐观、心情愉快、意志坚定，消除了疲劳的同时，更加集中了我们的注意力，在培养高尚情趣的同时，也改变了我们自身行事的效率和为人的风格，带给他人同样享乐的趣味。看看海涅是怎样通过幽默来加深朋友间的友谊的。

一天，海涅正在伏案创作，突然被一阵急促的敲门声所打断。来人送进了一个邮包，寄件人是海涅的朋友梅厄先生。

海涅因紧张地写作而感到有些疲倦，又因被人打断思路而显得很不高兴。他不耐烦地打开邮包，里面包着层层纸张。他撕了一层又一层，终于拿出一张小小的纸条，小纸条上只写着短短的几句话："亲爱的海涅，我健康而又快活！衷心地致以问候。你的梅厄。"

海涅刚想发怒，却又不禁被朋友的这个玩笑所逗乐，他深深地感到一种被人惦念的幸福，疲倦感也即刻消失了。调整情绪后，海涅决定对他的朋友也开一个玩笑。

几天后，梅厄先生收到了海涅的一个邮包。那邮包重得很，以至于梅厄甚至都无法一个人把它拿回家。他雇了一个脚夫帮他扛到家后，打开了这个令人纳闷的邮包。

随后，他惊奇地发现里面竟是一块大石头。石头上有一张便条，上面写着："亲爱的梅厄，看了你的信，知道你又健康又快活，我心上的这块石头落地了。我把它寄给你，以永远纪念我对你的爱。"

幽默是人们为改善自己情绪和面对生活困境时所产生的一种需要。它的形成主要在于人们的情绪。当我们对他人的幽默报以快乐和肯定的回应时，当我们帮助他人感受快乐时，健康的幽默就已经产生了。

与人交往中，开个得体的玩笑，可以松弛神经、活跃气氛、创造出一种适于交际的轻松愉快的氛围。往往，诙谐幽默的人常能赢得更多朋友的欢迎与喜爱。

同时,幽默还能使人急中生智、化解困境,或者从危险的境地中脱身,创造性地、完善地解决问题。凡是具有较高情商的人,无一不是善用幽默来应付紧急情况的。

德国诗人歌德在公园散步时,走到一条只能通过一个人的小道上,恰好迎面遇到了一个曾经对他的作品提出过尖锐批评的评论家。

此时,对方似乎像是挑衅似的高声喊道:"我从来也不给傻子让路!"

"而我则相反。"歌德一边说,一边满面笑容地让在一旁。

歌德运用了类似中国太极拳中以柔克刚的方式,幽默而巧妙地化解了一次看起来马上就要爆发的冲突,因此而被广为后世传诵。不仅是历史中的伟人,如你我一般极为普通的"小卒之辈",同样可以有意培养自己的幽默细胞。

一位绅士正在餐馆里进餐,忽然发现菜汤里有一只苍蝇。他扬手招来侍者,冷冷地讽刺道:"请问,这东西在我的汤里干嘛?"

侍者知道,在这种情况下,无论怎样地解释或道歉,换来的都只能是尖锐的批评,甚至会引起顾客的愤怒。但是,幽默帮了他的忙,把他从困境中解救出来,使气氛得以缓和。侍者弯下腰,仔细看了半天,回答道:"先生,它是在仰泳!"瞬间,餐馆里的顾客被逗得捧腹大笑,那位绅士也就不好意思再追究下去了。

一位顾客走进一家有名的饭店,点了一只油氽龙虾。他发现菜盘中的龙虾少了一只虾螯,异常生气,便让侍者找来了老板。

老板抱歉地说:"对不起,龙虾是一种残忍的动物。您的龙虾可能是和它的同类打架时被咬掉了一只螯。"

而这位顾客也用同样巧妙的回答化解了这场尴尬:"那么请调换一下,把那只打胜的给我。"

老板和顾客双方都用俏皮的表达方式来委婉地指出双方存在的分歧。这种方式不取笑、不批评他人,没有伤及他人的自尊,既维护了餐馆的声誉,又维护了顾客的利益。如此，幽默不仅化解了尴尬的局面，还缓和了人际关系，真可谓是立身处世的润滑剂。

只要我们有意识地注意培养自己的幽默细胞，掌握幽默的技巧，就可以培养出幽默感。娱人娱己，喜不自胜。幽默可以消除紧张、缓解压力、提高生活品质；同时，更是我们振奋精神、重获活力的良好途径。这些因幽默而带来的改变，足以让我们重视并为之实践。

委婉地拒绝，让"不"说得更容易

林黛玉初进贾府时，行至邢夫人处。邢夫人"苦留吃过晚饭去"，而"步步留心、时时在意"的黛玉则怕被指责不懂礼数而婉言拒绝。那话说得，甚是得体：

"舅母爱惜赐饭，原不应辞。只是还要过去拜见二舅舅，恐领了赐去不恭，异日再领，未为不可，望舅母容谅。"

此番话一出，既有对邢夫人的尊敬与感激，又表现出自己懂礼节、识大体，足见黛玉之聪慧。

人们把这种方法称为"是……但……"的模式。这种方法避免一开口就说"不"，给对方留足面子、留好台阶。

委婉地拒绝是一种说话的艺术，是决定我们是否能在人际交往中更胜一筹的差别所在。如同卡耐基所说："学会拒绝的艺术，既可减少许多心理上的紧张和压力，又可使自己表现出人格的独特性，也不至于使自己在人际交往中陷于被动，生活就会变得轻松、潇洒些。"

我们都知道，顺耳的话好听，自然也就容易说。但在生活、工作中总有一些我们不愿或无法接受的事情。此时，我们如果无法把拒绝说出口，就会让自己陷于颇为被动的窘困之境；但若拒绝的话说得不恰当，又会很容易引起诸多的不快。所以，如何说"不"是说话的一个重要方面。

对于或是无法做到、或是不合理的要求，由于人情、利害等关系，直接说"不"往往很难，也不明智。这时就需要婉拒，委婉地加以拒绝。它不仅可以帮助我们打破人际关系的僵局，让说"不"变得轻松愉快，还可以使对方更加心平气和或表示理解地去接受。

曾经，美国某报纸为了增强影响力，几次三番地邀请林肯去参加他们内部的编辑大会。林肯推脱不下只好勉强答应，对方欣喜若狂，并想趁势把林肯作为该报的"品牌"。

林肯觉得自己并非一个编辑，所以出席这样的会议不太合适。为此，他想用一个小故事让报社的领导明白，不要再邀请自己出席这样的大会了。

林肯说："一次，我在森林中遇到了一个骑马的妇女。我停下来让路，可是她也停了下来，目不转睛地盯着我的面孔看。

她说：'现在才相信你是我见到过的最丑的人！'

我说：'你大概讲对了，但是我又有什么办法呢？'

她说：'当然有办法了，虽然你生就这副丑相是没有办法改变的，但你还是可以待在家里不要出来的嘛！'"

大家为林肯幽默的自嘲而哑然失笑。林肯巧妙地表达了自己的拒绝意图，温和但却让人在愉快的氛围中领悟到了他的意图。

在与人交往的过程中，永远不拒绝他人是不可能的。左右逢源、力图做"老好人"，或者勉为其难地接受了自己无法承办的事情，最终都不一定能得到我们预先期望的好结果。愈是想讨好每一个人，愈是达不到众人满意的结果。因为，过多地逢迎会让所有人都不曾注意到我们的"好"，反而责备可能的不周到。毕竟，一个人的精力、体力都是有限的，不可能顾及到每一方面。除此之外，想要不加拒绝地答应所有要求，我们自己的阵脚就会被扰乱，原有的方寸也会变得不再平衡。

丽红是一个很好说话的人，很少与他人起争执。可是在职场里，丽红的"好脾气"让所有人都可以支使她，同事们经常随口一句"帮我复印一下""帮我把这个文件交给小张"，就把丽红自己的事给耽搁了。

时间一长，丽红的工作效率难免就有所下降，这不禁遭到了领导的质疑。丽红为此既烦恼又有些愤怒：凭什么让我来帮你们做？可是她又不想因为这些小事而破坏了同事间的关系。渐渐地，丽红把这样的负面情绪越来越多地带回到了家里，老公经常被无缘无故地"火喷"，连女儿也抱怨说"妈妈不如以前温柔了"。

其实，"好说话"也算是丽红的优点，但不分场合、不分界限，优点也不一定能给她带来优势。想不得罪同事，又要表达自己的界限，其实很简单：态度上温和，立场上坚定。当他人习惯性地抛来一些小事上的"指令"时，完全可以以一种优雅的姿态告诉对方："我正在忙，过半个小时好吗？"话音一出，对方大都也就明白了我们是在用一种拖延的方法来暗示自己的态度，相信也就没有人愿意花上半个小时去等待复印一个文件了。如此，在把判断标尺收回到自己手中的同时，又不会让对方感到尴尬，我们个人的空间自然也就得到了保障。

恰当地表达、温和而坚定地说明自己的情况，不但能让对方遭受拒绝后失望和不满的情绪降到最低，而且还会给人以简单真诚的印象，有利于日后双方和谐地交往。这也正是我们为之改变的不同之处，以及为了创建新的人际关系所必要的努力。

这辈子
你该如何

第七章
不要再被你的情感"绑架"了

　　原来，幸福和快乐是可以选择的，只要我们具有一种情绪平衡的能力。要创造生命中我们想要的力量、欢乐和热情，其中最重要的一件事就是不被情绪"绑架"，学会管理。

　　"情绪管理"即是以最恰当的方式来表达情绪，如同亚里士多德所言："任何人都会生气，这没什么难的；但要能适时适所，以适当方式对适当的对象恰如其分地生气，可就难上加难了。"

　　要成为情绪的主人，必先觉察自我的情绪，并能觉察他人的情绪，进而消除情绪的负效能，最大限度地以鲜活的心情去面对人生。

别让情绪牵着走

有位年轻人到河边去钓鱼,他的旁边也坐着位垂钓的老人。两人的距离很近,但是,令年轻人奇怪的是,老人家不停地有鱼上钩,而自己一整天都没有什么收获。最终,他终于沉不住气了,说:"我们两个人用的鱼饵相同,地方一样,为何你能钓到,而我却一无所获?"

老人很从容地说:"我钓鱼的时候心平气和,忘记了有鱼,所以手不动,眼也不眨,鱼不知道我的存在;而你心里只想着鱼吃你的饵没有,连眼也不停地盯着鱼,见鱼刚上钩就急躁,心情烦乱不安,鱼不让你吓跑才怪。"

美国作家罗伯·怀特说:"任何时候,一个人都不应该做自己情绪的奴隶,不应该使一切行动都受制于自己的情绪,而应该反过来控制情绪。无论境况多么糟糕,你应该努力去支配你的环境,把自己从黑暗中拯救出来。"我们应该学会不再被情绪牵着走了。一个人的改变与成熟不仅限于生理的外表,更重要的是心理上的茁壮。

关于情绪,《心理学大辞典》中指出:"情绪是有机体反映客观事物与主体需要之间关系的态度体验。"同时,也是一种对人生成功活动具有显著影响的非智力潜能素质。

美国密歇根大学心理学家南迪·内森的一项研究发现,一般人的一生平均有3/10的时间处于情绪不佳的状态,因此,人们常常需要与那些消极的情绪作斗争。

但值得庆幸的是,情绪是可以管理的,它由《情绪智商》的作者丹尼·高曼提出。情绪管理就是善于掌握自我,善于调制合体调节情绪,对生活中矛盾和事件引起的反应能适可而止地排解,能以乐观的态度、幽默的情趣及时地缓解紧张的心理状态。

可见,通过对自身情绪的认识、协调、引导和控制,可以充分挖掘我们的情绪智商,培养驾驭情绪的能力,从而确保良好的情绪状态。

以往在遭遇突发状况时,你是否会沉不住气、一点就着?那么就从现在开始,按捺一秒钟,再一秒钟,采取"缓兵之计",强迫自己冷静下来,然后逐渐地,就可以在此基础上去分析一下事情的前因后果,以决定应对策略。尽量不要让自己陷入冲动鲁莽、缺乏理智的被动局面中。那样就会方寸大乱、满盘皆输。

20 世纪 60 年代,在一场台球世界冠军赛上,两位球坛奇才路易斯·福克斯和约翰·迪瑞之间进行着激烈的竞争,奖金是 4 万美元。更夺人眼球的是,这两位的水平可谓是势均力敌,更加深了外界对这场比赛的关注。

路易斯·福克斯的状态出奇的好,得分一路遥遥领先,如有神助。只要他正常发挥再得几分,就可稳拿冠军了。此时,赛厅里的气氛十分紧张。

这个时候,福克斯很自信地准备做最后几杆漂亮的击球,迪瑞则沮丧地坐在一个角落里,他可能觉得胜负已定,再无希望了。突然,一只飞来飞去嗡嗡作响的苍蝇打破了赛厅里的沉寂。它绕着球台盘旋了一会儿,然后叮在了主球上,不肯离去。

福克斯毫不在意,微微一笑,轻轻地一挥手,"嘘"地一声赶走了苍蝇。随后,他又重新瞄准主球,伏下身子准备击球。

谁知这只苍蝇又第二次来到球台上方盘旋,而后又落在了主球上。观众席中发出了一阵紧张的笑声。

无奈,福克斯又轻"嘘"一声将苍蝇赶跑了,好在他的情绪还并没有因为这种干扰而产生波动。

可是当他再次做好姿势准备击球时,苍蝇又飞了回来。福克斯的情绪开始被这只讨厌的苍蝇所影响,而且更为糟糕的是,苍蝇好像是有意跟他作对,只要福克斯一回到球台,苍蝇就会落到球台上。观众席中的笑声与嘈杂声越来越大,都像看一出闹剧似的在咂舌旁观。

这让一向冷静的福克斯开始变得躁动不安了,能看得出来,他在尽自己最大的忍耐度来克制,但终究还是失去了理智,愤怒地用球杆去击打苍蝇,从而碰动了主球。虽然主球仅仅滚动了一英寸,但显然还是会被判为击球。苍蝇是不见了,可是由于福克斯触及了主球,他也失去了继续击球的机会。

更糟糕的是,这一出节外生枝的闹剧让福克斯的情绪瞬间大乱、连连失手。而对手约翰·迪瑞则充分利用了这一幸运的机会,奋起直追。一连几个击球,打得都异常漂亮。就这样,迪瑞竟然长时间地连续击球,直至比赛结束。最终,夺得台球世界冠军并拿走了4万美元奖金的是"后来者"迪瑞。

第二天早上,一艘警艇在河中发现了福克斯的尸体。原来,在比赛结束后的那天夜里,福克斯独自一人离开赛厅时宛如在奇怪的梦幻中游走,无论如何也接受不了因为自己情绪的原因而失败的事实——他自杀了。这样一个才华横溢的青年,居然被一只苍蝇逼得自寻短见了,令人可惜又可叹。

在我们的人生旅途中,每个人都难免会遇到这样或那样不顺心的事情。但此时千万要控制好自己的情绪,切不可被情绪所引入歧途,导致我们失去了很多本不该失去的东西。

成功的秘诀就在于懂得怎样控制痛苦与快乐这股力量,而不为这股力量所反制。如果能做到这点,就能掌握住自己的人生;反之,就将失去宽广的未来。从控制情绪到管理情绪,不仅是一个从"他制"转化为"自制"的磨炼过程,更多的,是让人生之路越走越宽的一个改变之途。

像一盆紫罗兰一样学会宽恕

唐代著名禅师慧宗酷爱兰花。一次外出弘法讲经前,他再三吩咐弟子们看护好自己精心培育的数十盆兰花。

弟子们深知禅师爱兰花,因此也倍加细心地侍弄。可不曾想天有不测风云,一天深夜的暴雨把那些恰好被遗忘在户外的兰花糟蹋得一片狼藉。待到弟子们第二天清晨想起时,眼前已全是破碎的花盆、倒塌的花架和被连根拔起的兰花了。几天后慧宗禅师返回寺院,众弟子忐忑不安地上前准备领受师傅的责罚。

慧宗禅师听了弟子们的叙述后,神态平静而祥和地宽慰他们说:"当初,我种兰花是为了欣赏,而不是为了生气和责罚。"

慧宗禅师用宽以待人体现了自己的理念,造就了他博大的心灵。想来,那些没有受罚反得到安慰的弟子们,定会被禅师的这种宽容所打动。

真正的宽恕接纳正如《宽容之心》中所写:"一只脚踩扁了紫罗兰,它却把香味留在了那脚跟上,这就是宽恕。"要想拥有永远的友谊,把"坏"朋友变成"好"朋友,那就要懂得宽恕之道。

宽恕他人也会让我们自己心平气和,如同一杯清茶一般沁人心脾。一个善意的微笑或一句幽默的话语,也许就能化解人与人之间的怨恨和矛盾,填平感情的沟壑。

宽恕他人,也就宽容了自己。生气的根源不外乎一己之利或一己之尊受到了侵犯,于是便勃然起色,怒火中烧,甚至睚眦必报。这种种的反应无非是在拿别人的错误来惩罚自己,可谓有百害而无一利。正如莎士比亚告诫后人的那样:"不要因为你的敌人而燃起一把怒火,结果却烧伤了你自己。"

一位智者说:"你必须宽恕两次。一次是原谅你自己,因为你不可能完美无缺;另外你必须原谅你的敌人,因为你的愤怒之火只会让你变得更加愚蠢。"一个人的胸怀能容得下多少人,就能够赢得多少人。与他人相处,宽以待人就是指对他人的要求不过分、不强求,以宽为怀,能让人时且让人,能容人处且容人。

唐代宰相娄师德不仅才高德厚,而且有着非人的胸怀。"唾面自干"的故事就足以为证。

娄师德为官时深得皇帝武则天的赏识,但这样的荣耀和地位也给他招来了很多嫉妒,甚至同僚的排挤。

娄师德有一个弟弟。有一次,他的弟弟被外放做官,出任一个州的州官。就在即将赴任之前,前来向兄长辞行,并且向兄长讨教做人和做官的经验。

娄师德语重心长地对弟弟说:"我现在得到陛下的赏识,官居宰相之职,势必会遭到一些小人的诋毁。如今你要去做州官,也一定会有人站出来为难我们,如果人家嘲讽我们,我们该怎么样呢?"

弟弟知道哥哥的用意,就很认真地说:"我虽然并不聪明,但是我能够忍耐。如果有人把唾沫吐在我的脸上,我自己会把它擦掉。如果有人因为嫉妒向我挑衅,我也不去和他计较,假装不知道。"

听了弟弟的话,娄师德似乎并不满意,摇了摇头说:"你所做的,正是我所担忧的。人家之所以要向你吐口水,还不就是为了侮辱你。即使你自己把口水擦干了,而且没有对他表示抗议和不满,这样还是扫了人家的兴,没有让他满意。人家没有达到目的,自然不会罢休,下次有机会还会继续找你的麻烦,还会侮辱你。所以你不要把它擦掉,要让它一直留在脸上,即使口水在脸上干了,也不要擦掉,等到没有人时再把它洗去。"

弟弟听了以后,深感自愧不如,越发佩服兄长的宽容大度了。

被别人吐口水吐到了脸上,这种嘲弄有几个普通人能够经受得了?但是娄师德能,不但能够忍受,还能够让口水自己干了。拥有这种胸怀和度量,也就无愧于被赏识,无愧于一国宰相之位。

宽容是一种美丽。深邃的海洋浩瀚无垠，它的美在于能够宽容惊涛骇浪的一时猖獗；苍茫的森林郁郁葱葱，它的美在于能够忍耐凶猛野兽的弱肉强食；辽阔的天空碧云万里，它的美在于能够接纳雷电风暴一时的肆虐。

宽容作为理想人格的重要标准，历来被圣贤们所倡导，诸葛亮七纵孟获、蔺相如三让廉颇，都是古人留给我们的榜样。如此，要想拓宽朋友圈，不断转化朋友的质量，我们就要把自己的胸怀打开，用坦荡的气度去宽恕他人。只有这样，才堪配于这句法国作家维克多·雨果所说的名言："世界上最宽阔的是海洋，比海洋更宽阔的是天空，比天空更宽阔的是人的胸怀。"

摒弃浮躁的情绪，大脑才能彻底改变

"三顶桂冠一摘，还了我一个自由自在身。身上的泡沫洗掉了，露出了真面目，皆大欢喜。"这是季羡林先生在《病榻杂记》中所写，表明了自己是如何看待这些年外界"加"在自己头上的桂冠。

实际上，季老精通 12 国语言，曾任多项学术职务，堪称一代国学大师。不过，对于加在自己头上的"国学大师"、"学界泰斗"、"国宝"这三顶桂冠，季先生却主动请辞。

季老觉得，被戴上"大师"的桂冠，他浑身起鸡皮疙瘩；被尊为"泰斗"，他说"我这般人天下皆是"；被称为"国宝"，让他极为惊愕："我可不是大熊猫。"季先生自始至终都认为，只有内心沉静淡泊了，头脑才能充实起来。

季羡林先生留给我们的不仅是那炉火纯青、登峰造极的学问，更是那种"三辞桂冠"、专心治学的求实作风和远离浮躁、甘于淡泊的精神，在"大师"头衔遍地的当今社会，这无疑是留给后人一笔最宝贵的精神财富。

古语早有训导："非淡泊无以明志，非宁静无以致远。"古往今来，凡是成就事业之人，无不是淡泊名利、远离浮躁之人。然而，当代快节奏的社会生活，已经很少有人喜欢诗词歌赋，也很少会有人能体会到"挥斥方遒"的气魄。每个人都随着大时代的高速运转而如陀螺一般不停不息，做着不知疲倦的机械运动。在这个麦当劳、肯德基宾客盈门，方便面、速食饼干大行其道的今天，在人们眼里看到的，只有高楼林立的钢铁森林，却难以体会到"小桥流水人家"、"采菊东篱下，悠然见南山"的情怀。

由此可见，只有摒弃浮躁、恢复宁静，才能从思想上彻底改变。放慢内在混乱状态的活动速度，外在的生活自然也就慢下来了。让浮躁的心情沉寂下来，让焦虑的头脑安顺下来，让纷杂的思绪舒缓下来。心如止水，排除一切杂念，精力绝对集中，让周围一切变得虚无。这才是思考问题的最高境界。

宁静就像是一泓温润的湖泊，化成雨，飘洒在人的心里，成为洗涤心灵尘埃的清泉。宁静，让人心存高远的同时，更加懂得脚踏实地。有了平和安宁的心态，才会形成专心致志的思考习惯，才能在枯燥无味时忍受寂寞，在纷繁动乱中清静自守；在一次又一次克服困境的过程中，完成一点又一点的超越，从而克服了人类属性中的"膨化"放松，达到一种弹性的平衡。

有一个胸怀壮志的青年人，正值美国兴起石油开采热的那段时间，同千百万"淘金者"一样，也来到了采油区。

起初，他的本职工作是检查石油缸盖自动焊接得是否完好，保证石油的储存万无一失。青年人每天都重复着唯一的一个动作：眼睛死死地监视着机器，检查流水线上的同一套动作。具体来说就是，传送带把一桶桶石油罐送到旋转台，等到焊接剂滴下并沿着盖子旋转一周后，再把油罐下线入库。青年人从早到晚的任务就是监控这道机械的工序，一天几百个石油罐，日日如此。

这的确让人感到简单而枯燥。对此，青年人觉得很不满足，以自己的能力做这样的工作岂不是浪费？于是便找主管请求调换工作。

主管听后冷冷地说："你要么好好干，要么另谋出路。"

青年人涨红了脸,回去后冷静下来仔细一想,自己为何不能在平凡的岗位上发挥潜力,把工作做得更好呢?于是,青年人沉下心来,即使每天重复百遍,他也一丝不苟。

一天,他注意到一个非常有意思的细节:他发现在机器上百次重复的动作中,罐子每旋转一次,一定会滴落39滴焊接剂,但却总会有那么一两滴没有起到作用。于是他想,如果能将焊接剂减少一两滴,这将会节省不少。经过仔细研究后,青年人研制出了"37滴型焊接机"。但是这种机器在运作时会有漏油的现象,于是他很快又研制出了"38滴型焊接机"。

这样,公司每焊一个石油罐盖,便会节省一滴焊接剂。虽然一滴对于每个盖子来说几乎可以忽略不计,但给公司每年带来5亿美元新利润的正是这千百万个"一滴"。

这个青年人,就是日后掌控美国石油业的石油大亨——约翰·戴维森·洛克菲勒。

没有一蹴而就、立等可取的捷径,也无须锱铢必较、患得患失地算计,更拒绝浮夸吹嘘、急功近利的作风,这便是摒弃了浮躁。只有心态平静了,思维才能集中;心灵清空了,大脑才能装得更满。

反过来说,浮躁是魔鬼。它会让一个人丧失凝神聚魂的定力,缺乏拼杀搏击的勇猛。一颗浮躁的心,就像是无根的浮萍,没有内涵的充实,又怎能独立于世事横流之中?一个心生浮躁之气的人,必定心慌意乱、烦躁不安,又哪还有谋事之心、立业之志呢?这种不健康的情绪,无疑阻碍了我们前进的步伐。一旦心浮气躁,人就会变得盲目、浅薄和暴躁,就会被社会的急流所挟裹,耐不住寂寞、经不起挫折、干不成事业,最终一事无成。

置身于日新月异的时代中,要想跟得上更新的步伐,不断提高修养、丰富自身内涵,就必须能够做到摒弃心浮气躁。这样才能逐一虚空头脑、心无旁骛;才能在扎实奋斗中历练自己的定力,开创出前所未有的人生。

心急吃不了热豆腐

"在练跆拳道的时候,我就吃过心急的亏。"说这话的是一位初入道行不久的小选手。

起初,小选手气盛,总想用并不能经常参加的比赛来验证自己的训练成果。每每比赛时,急于求成,一下子就想踢中对方的头部,这样就能领先6分,获胜的可能性就非常大。结果,自己没踢中对方,反被对方击倒了。

从那以后,小选手意识到了自己的错误,不再心急,而是慢慢地寻找对方的漏洞加以进攻。渐渐地,真正做到战胜对手也越来越容易。事后,小选手总结说:"这足以证明不能操之过急。"

抱着急于求成心理的人,恨不能一日千里,但往往事与愿违。不遵循客观规律,还没有练习好走路就想要跑跳,摔跟斗也就是必然的了。

这就如同泡茶:茶泡得苦了,大多是由于水过烫。泡茶的过程就好比人生,凡事不可心急火燎。要有热情,更要把握、拿捏得恰到好处,让生活自在地释放出悠长的香甜甘醇。浮躁、急于求成,不仅会扑灭生活固有的醇香,还会把甘甜糟蹋成苦涩。

凡事亦都如此。行事一急躁则必然心浮,心浮就无法深入到事物的内部中去仔细研究和探讨发展规律,无法认清事物的本质。心浮气躁、办事不稳,差错自然就会多。有句俗语叫"心急吃不了热豆腐",不踏实、不耐心,往往是欲速则不达。

我们甚至可以说,心急是一种病态的心理,它主要表现在情绪上的焦躁不安、沉不住气。心急的人往往都会心神不宁,面对急剧变化的社会,心头无底、不知所措,对前途毫无把握,由此而生的急功近利的想法就会自然在心里埋下隐患。在与他人的攀比之中,更显出一种焦虑的心情。由于不安宁的情绪取代了理智,便使得行动之前缺乏思考,充满了盲目性。轻浮、急躁的心理让人们对任何事情都无法潜心而为,只知其一,不究其二,而这往往会给工作、事业带来不可估量的损失。

所以说,要想把事情办好就决不能心急,踏实处世才是成功之道。用一颗平常心去面对,善于观察、巧于布阵、精于摸底,在时机成熟时再采取拉网之术,这样才能取得不同以往的收获。

成功的因素有很多,其中最重要的一点就是能够沉得住气。人类恐怕天生就有"喜新厌旧"的本性,但这恰恰是数以万计的平庸之辈和大成者的差别。所谓不一样的改变,就是甘于把时间投入到简单、枯燥但是最终会意义非凡的重复当中去。耐心一方面可以让我们积蓄力量,充分体验生活的意义;另一方面,只有历尽艰辛、努力奋斗而实现的愿望才显得更加熠熠生辉。

齐白石是中国近代画坛的一代宗师。齐老先生不仅擅长书画,还对篆刻有极高的造诣,但他也并非天生就有这方面的天赋,也是经过了非常刻苦的磨炼和不懈的努力,才把篆刻艺术练就到出神入化的境界。

齐白石年轻时就特别喜爱篆刻,但自己的篆刻技术总是不那么令人满意。于是,他向一位老篆刻艺人虚心求教,老篆刻家对他说:"你去挑一担础石回家,刻好了之后全部磨掉,磨完后再刻。等到这一担石头都变成了泥浆,那时你的印就刻好了。"

齐白石就按照老篆刻师的话一丝不苟地去做。他挑了一担础石来,夜以继日地刻着。刻好了把它磨平,磨平了再刻,手上不知起了多少个血泡。

日复一日,年复一年,础石越来越少,而地上淤积的泥浆却越来越厚。最后,一担础石终于统统都被"化石为泥"了。

齐老获得成功的诀窍,就是对待事情的耐心与执著。只有以平和之心,始终如一地付出努力,成功的路才会走得稳健而坚固。

耐心可以让我们沉淀出一份平静、扩展开一条思路、转换成一个角度、收获到一种智慧。所以，我们在做人做事时，眼光应放长远些，注重知识的积累，以平和的心态始终如一地努力，自然就会水到渠成。许多事业都必须经历痛苦挣扎、努力奋斗的过程，而这也正是让我们锻炼得更加有力、更加坚强的必经之路。

一针一线细心缝制的帆，才能迅速而安全地将我们送到成功的彼岸；用焦急与浮躁打造出的船，只能将我们埋葬在失败的汪洋大海中。我们只有摆脱了速成心理，一步一步地积极努力、步步为营，才有可能从焦急的情绪中解脱出来，不枉最初的梦想。

感情用事不可取

人在生气的时候，为什么说话往往都是高调嗓门，而非柔声细语呢？

有这样一种解释，看来颇为值得玩味：当两个人彼此心中充满怒气的时候，心的距离是很远的；为了掩盖或缩短之间的距离使对方能够听见，于是便必须大喊大叫。但是在喊的同时，双方会更加生气，心的距离就会更远，距离更远就又要用更大的声音来叫嚷……

然而，当两个人在相恋的时候，说话都很轻声细语，是因为他们心的距离很近。

所以说，当我们在与他人发生不悦时，不要让心的距离变远，更不要人为地说一些让心的距离更远的话。不妨稍候几天，等心的距离不再彼此排斥的时候再好言好语。

西方有句经典谚语："上帝要想让他灭亡，必先使他疯狂！"中国的处世经典《增广贤闻》上也说："酒是穿肠的毒药，色是刮骨的钢刀，气是下山的猛虎，怒是惹祸的根苗。"愤怒就像决堤的洪水那样淹没人的理智,让人做出不可思议的蠢事。

"冲动是魔鬼",愤怒状态下的人们经常会失去理智,一时的冲动很有可能就会断送了自己的大好前程,造成严重的后果。感情用事会让人身不由己,敢做平时不敢做的举动,愿为平时不愿为的事情,就好像失去理智的罪犯那样走上极端,亲手毁掉自身的幸福。据统计,怒火给人类造成的损失比全世界烧掉的煤炭还要多出成百上千倍。

由此,小到做人,大到治国,无一都不能感情用事。否则,对周边的环境、对自身的现状缺少客观而清醒的认识,头脑发热,仅凭一时兴起,失败便是不可避免的了。历史给人们的教训往往是沉厚而深刻的,足以让后世警醒。在总结楚汉成败时,项羽的失败就被归结为感情用事、残暴无度。坑秦降卒、坑齐降卒,杀秦王子婴及秦国宗室,让其尽失人心。

行军打仗时,虐待降兵、血洗屠城的事屡有发生。巨鹿之战后,项羽竟然残忍地坑杀投降的秦兵 20 万。这无疑激起了对手更顽强的反抗。所以,虽然项羽战必克,攻必胜,但所遇敌人愈发顽强,让他攻占后的屠城愈残暴。如此恶性循环,尽失民心。对于稍有反对者,常常凭借一己感情而残忍杀害。最后发展到独断专行、刚愎自用,只顾及自身情绪,不重他人感受,让原本投靠他的韩信转而投靠刘邦,直至众叛亲离、孤家寡人。

反观刘邦,其突出的特点就是精明诡谲、冷静理智。他的部队纪律严明、行军仁义,对百姓秋毫无犯,这也是刘邦能先入关中的原因。另外,他知人善任、胸襟广阔,善于争取和拉拢反叛项羽的诸侯,以壮大自己的力量。运筹帷幄重张良,治理国家凭萧何,临阵决胜靠韩信。刘邦用他的冷静理智战胜了项羽的感情用事。

所谓感情用事就是任性妄为,仅凭一己喜好而进行决策;反之,遇事可以控制自己的感情,能做到冷静地分析判断、权衡利弊之后再做决策者,就是冷静理智的。

哲学家康德说："生气，就是用别人的错误来惩罚自己。"无尽的感情一旦涌上心头，就会在一定意义上丧失理智，做出一些不明智的举动，明知不可为而为之。人类社会的发展，主要靠的是人类理智的发展来推动的，而感情只能起辅助作用。从这个意义上说，人类社会发展就是人类理智的发展。只有在理智领导下，感情才能得到健康的体现。

人不可感情用事，尤不可好怒轻动，当理智控制不住感情，任性驱遣是没有不摔跤的。特别在如今的市场动荡中，投资者难免会失去方向、盲目行事。

这不禁让我们想起了在金融危机中溃败的比尔·米勒，他曾被认为是彼得·林奇的接班人，连续15年战胜标准普尔指数。但这个荣誉被他的孤注一掷毁掉了，当美国次贷危机开始影响金融市场时，比尔·米勒坚信自己能从市场恐慌中赚钱，在烂熟于心的股票里挑选了美国国际集团、美联银行、贝尔斯登和房地美。当这些股票连连下跌的时候，他认为投资者反应过度了，依然大肆买入。虽然15年来他与大众的逆向操作决定都证明是非凡的，但这次危机让米勒深受重创，他管理的价值型基金多年优于大盘的表现也被一笔勾销。

做人做事要怀有浓厚的感情，又不可感情用事。

正如投资大师安东尼·波顿如此告诫投资者，"不要跟股票谈恋爱。"当你习惯了某只基金，追求自豪和回避遗憾的心理经常让我们过长地持有一只表现不佳的基金，而且持有的时间越长，感情也就越深、越舍不得卖，虽然它们已经很不可爱了。

他建议投资者买了股票或基金不能永远放在一边，在坚持长期投资的前提下，应该养成定期检查、适时调整的好习惯，不要过度感情用事，以至一叶遮目，不见其不足。

遇事不凭一时的感情冲动，比起以往而言，我们的目光就会更加明亮，双耳更加聪灵，整个人也会在此过程中得以改变。

现在就放了自己

著名国画艺术大师张大千先生有一缕长长的胡须。

一次,朋友无意间开了一句玩笑,问他晚上睡觉时胡须怎么放。结果那天晚上,他彻夜失眠了,不知道把胡须放到哪里才好。

就像张先生事后自己回忆时说:"平常都不会担心这方面的事,怎么一在意就出问题了?"

张先生这样的"简单之人"在面对内心烦忧时,能够及时予以反省并修正,以此获得自我的解脱与心灵的宁静。

当我们在感慨被烦恼包围了的时候,也许从未曾细细想过,生活本来无意与我们作对,和我们过不去的一直是自己而已。所谓的烦恼,大都是人们无故寻愁觅恨,从而捆绑住手脚的无形网罩。事实上,生活中99%的烦恼其实都不会发生。

正如禅宗第六代祖师慧能那首著名的偈语:"菩提本无树,明镜亦非台。本来无一物,何处惹尘埃。"这是一种何等空灵透彻的人生境界。也许在现实生活中,我们一时无法企及至如此层次,但至少应该参透"天下本无事"的道理,做到不要"庸人自扰之"。往往,烦恼就是给自己的捆绑。而解铃还需系铃人,能给自己心灵"松绑"的也只有我们自己。

生活中难免受到伤害,但唯一能决定我们要痛苦多久的,只有我们自己。往往,被伤害过一次,却在心中一而再、再而三地迟迟不能放下,仿佛已被伤害过千百次似的。再多的气愤、怨恨,到头来痛苦的本源还是自身。如果没有我们自身情绪的"支持",没有徒加给自身的痛苦,那么所谓的伤痛又怎么会继续存在呢?

放下不如意，就能轻松放下自己，怀揣一颗平淡从容的心去享受生活。关键要看我们自己是否愿意改变，是否愿意不再如从前般执拗。

从前，有一位酷爱陶壶的高僧，只要听说哪里有好壶，不管路途有多么遥远都一定会亲自前往鉴赏。收藏半生，最得意的就是那只龙头壶。

一日，一个久未谋面的好友前来拜访，高僧拿出那只龙头壶来泡茶招待他。朋友对这只茶壶赞不绝口，可万不曾想观赏把玩时一不小心将它掉落到地上，茶壶应声破裂。

一时间，朋友甚至不知该如何表达歉意，手足无措地愣在那里。这时，只见高僧蹲下身子，默默地把撒落在地上的碎片收拾干净，然后又拿出另一只茶壶继续泡茶、说笑，好像什么事也没发生过。

众人不解，事后有人问高僧："你最钟爱的一只壶被打破了，难道你不难过、不觉得惋惜吗?"

高僧说："事实已经造成，留恋碎壶又有何益?不如重新去寻找，也许能找到更好的呢!"

很多时候，我们对已经发生的事情耿耿于怀，其实就是抱着无益的烦恼不放。拿得起，放得下，才是让自己的人生得以变轻松的关键。

所谓的烦恼，大都是我们自己想象出来的，也或者是因为太不知足。没有人捆住我们，也就无所谓解脱。有些东西只是我们无故寻仇觅恨、为赋新词强说愁而已。比如说少年维特。

维特总是充满了对现实的不满，他总在不断试图发掘新的事物来忘却自己的烦恼，却不自知地陷入另一桩烦恼之中。

他出生在一个较富裕的家庭，受过良好的教育。但即使有着这样的物质生活条件，维特还是觉得自己不幸福。为了排遣心中的烦恼，他告别家人来到了一个偏僻的山村。

在那里的一个舞会上，他认识了绿蒂，并且爱上了她。但是绿蒂已经订婚了，等她未婚夫回来的时候，维特才发现自己就像个小丑似地尴尬。他叹息命运的不济，最终在朋友的劝说下离开了心爱的绿蒂。

维特为了摆脱伤心地，又远走他方，在公使馆当了一名办事员。这在许多人看来已经相当不错的工作，维特却因为受不了别人对他工作的吹毛求疵和嘲笑，一气之下辞去了公职。

就这样，他总是飘忽不定，不知道自己接下来该去做些什么。所以，一个又一个新的烦恼接踵而至，直至最后用自杀结束了一切。

人生不如意之事十之八九，有的烦恼的确是凭空给自己的捆绑。穿着鞋的人总是不满足自己没有穿名牌鞋，但却忘记了至少自己不是光着脚，应该值得庆幸和高兴。

快乐的人前行，口袋里装的都是祝福；疲惫的人前行，口袋里装的都是烦怨。同样都是一条路走来的人，只是快乐的人会把那些不必在意的庸扰丢掉，而疲惫的人却选择了捡起它。只有当我们用美好的品质取代压迫心灵的种种负担时，才不会让自己的心中盛满太多本不应该有的东西。这样，烦庸淤杂的琐碎就不会一圈一圈缠绕住了身心，也就等于给自己"松了绑"。同时，身性的纯净和人格的升华也在这样的过程中有了润物细无声的改变。

重新审视后, 烦恼变小了

有这样一则像是黑色幽默的故事, 我们从中看到更多的, 是犹太人乐观的智慧。

聪明的犹太人说:"这世上卖豆子的人应该是最快乐的, 因为他们永远不担心豆子卖不出去。"

看到众人疑惑, 犹太人继续解释道:"假如他们的豆子卖不完, 可以拿回家去磨成豆浆后再拿出来卖;如果豆浆卖不完, 可以制成豆腐;若是豆腐变硬了卖不出去, 就当豆腐干来卖;豆腐干再卖不出去的话, 就腌起来, 变成腐乳。或者还有一种选择:卖豆人把卖不出去的豆子拿回家, 加上水让豆子发芽, 几天后就可改卖豆芽;豆芽卖不动, 干脆就让它长大些, 变成豆苗;豆苗卖得不好, 那就再让它长大些, 移植到花盆里, 当做盆景来销售;如果盆景卖不出去, 再把它移植到泥土中去生长, 几个月后就又会结出许多新的豆子。一颗豆子变成了很多豆子, 想想都觉得这是多么划算的事!"

一颗豆子在遭遇冷落的时候, 尚有如此多种的精彩选择, 何况是一个人呢?这样的坚强与乐观, 是否能对我们旁敲侧击?如此, 还有什么好忧虑的呢?

漫漫人生看似长久, 实际上也只不过 3 天:昨天、今天、明天。昨天过去了, 烦恼无用;今天正在过, 无暇忧虑;明天还未到, 困扰不到。有科学家对人的忧虑进行了科学的量化、统计和分析, 结果发现, 几乎 100%的焦虑是毫无必要的。统计发现, 40%的忧虑是关于未来的事情, 30%的忧虑是关于过去的事情, 22%的忧虑来自微不足道的小事, 4%的忧虑来自我们改变不了的事实, 而剩下的 4%则来自我们正在做着的事情。可见, 重新审视后, 烦恼往往都变得不再"庞大"。

法国作家大仲马有句名言:"人生是一串由无数小烦恼组成的珍珠, 乐观的人总是笑着数完这串珍珠。"的确，在很多情况下，烦恼都是自找的，所以减压才是最重要的。不妨来看看这样一则新鲜的减压故事。

20世纪60年代，意大利一个康复旅行团在医生的带领下去奥地利旅行。在参观当地一位名人的私人城堡时，已80岁高龄的主人依然精神焕发、风趣幽默。

出乎所有人的意料，老人说了这样一段话："如果各位客人来这里打算向我学习，那真是大错特错了——我是说，应该向我的伙伴们学习：我的狗巴迪不管遭受如何惨痛的欺凌和虐待，都会很快地把痛苦抛到脑后，热情地享受每一根骨头；我的猫赖斯从不为任何事发愁，若感到焦虑不安，它就会去美美地睡一觉；我的鸟莫利最懂得忙里偷闲，享受生活，即使树丛里吃的东西很多，它也会吃一会儿就停下来唱歌。相比之下，人总是自寻烦恼，我们不就成了最笨的动物了？"

有的人在烦恼面前痛苦不堪，把自己埋进"灰色的情调里"不能自拔，以致沉沦、绝望；有的人则与此相反，在挫折和困境面前挺起腰杆，把聪明才智发挥得淋漓尽致，最终取得巨大的成功。选择怎样的情绪，是决定我们能否改头换面的关键所在。快乐和烦恼是一对孪生兄弟，就像硬币的两面。选择了烦恼，就只能成为痛苦的奴隶；若翻转一面，即可拥有快乐的翅膀。真正的快乐是一种心境，是一种为营造和保持良好心境而做出的正确选择。

快乐是自找的，困扰也是自找的。所以，每当唉声叹气、忧心忡忡的时候，不妨把我们的烦恼忧愁的具体事件写下来，然后为其归类，看看它属于"人生三天"里的哪一部分。最后的结果往往是，连我们自己都感到可笑而费解：当时为什么会被这样的事折磨得死去活来？真是没有必要。一个心理学家为了研究人们常常忧虑的"烦恼"问题，做了下面这个很有意思的实验。

心理学家要求实验者在一个周日的晚上，把自己未来一周内所有忧虑的"烦恼"都写下来，然后投入一个指定的"烦恼箱"里。

3周之后，心理学家打开了这个"烦恼箱"，让所有实验者逐一核对自己写下的每项"烦恼"。结果发现，其中90%的"烦恼"并未真正发生。此时，心理学家要求实验者将彼时那10%的"烦恼"记录下来，重新投入了"烦恼箱"。

又过了3周，"烦恼箱"被重新打开。经过再次逐一核对发现，几乎已经没有"烦恼"真正发生或即将要发生了。心理学家从对"烦恼"的深入研究中得出了这样的统计数据和结论：一般人所忧虑的"恼"，其中92%的未曾发生，剩下的8%则多是可以轻易应付的。

原来，烦恼的出现，远比预想的要少得多。正所谓"烦恼不寻人，人自寻烦恼"。

属于过去的烦恼是我们用过去的失败体验给自己搭建起来的樊篱，一味地沉浸只能让我们故步自封、疑虑重重；而属于未来的烦恼则完全是自己杞人忧天的结果。此外，那些本不应该困扰我们的琐事更应果断舍弃。既然客观事实已经存在，不管我们怎样地唉声叹气，或咬牙切齿，结果都不会因为我们的情绪而有丝毫的改变。与其庸人自扰、烦恼不堪，不如平心和气、静观其变。

再回头看一遍那些曾经无比困扰过我们的事，竟会惊奇地发现一个"怪象"：人们往往都能很勇敢地面对生活中那些偌大的危机，却常常被一些琐碎的小事搞得垂头丧气。如此而言，当我们再次被所遇到的"困境"搅得团团转的时候，请静下心来告诉自己这样一个事实：生命太短促，眼下的这件事真的值得我丢不开、放不下吗？

没有了一个个"小跳蚤"的骚扰，内心世界自然就会变得清静不少，也就更能拿捏得稳行事为人的方寸。要想改变心灵空间逼仄而压抑的状况，不妨时常重新审视一下眼前那些困扰着我们的"天大的"烦恼，扪心自问：一段时间后，我是否能不为现在的沉陷而感到后悔？不知不觉中，空旷而达观的性格就会逐渐扭转过来，我们生活的世界也将随之焕然一新。

反击混战,切勿再轻易参与!

刘备刚出道时,由于实力单薄,一直都依附在别人的帐下,多次易主,就是为了等待时机成熟,成为一飞冲天的绝世高手,宁愿先受苦,最后借荆州,以荆州为立足点,北抗曹操,西取益州,才建立蜀汉政权。

蜀汉政权的成长让我们知道,成大事者必有大控,对人,更对己。

古今中外,但凡取得辉煌成就之人大都有一个共同的特征:不仅目标明确,而且不计小利,胸怀大局意识。在追求人生最终的大目标时,随着许许多多小目标的达成,我们会不时遇到各种小利小成。但此时应该培养长远的眼光,是争一时还是争一世,取舍之中便有了改变的差别。

有大智慧的人,往往都有自己的人生目标,他们会因明晓大势而懂得驾驭好情绪,不被眼前的短浅利益所干扰;时刻保持冷静,以大局为重。每个人都希望成为大智者,但现实中却有很多人因为自己的小聪明而身陷混战之中,结果失去了更多的东西。很多事情要学会在冷静中管理情绪,如此瞄准的出手时机才是相对客观而恰当的,那时所得才是长久之势。

随风而摇、随势而动,这实则还是被自我情绪所俘虏的表现,只不过是一种对看似为既得利益的情绪外露。当某一利益初露端倪时,盲目地躁动只会让我们陷入泥淖的混战中不得自拔。要想与以往相比有所改变,获得事半功倍的成果,此时的冷静沉着便显得尤为可贵。稳扎稳打,以静制动;辨析出是一时还是一世,顾大局而舍小利。如此练就的沉浮才使得我们不会被情绪所掳,不至于失去事业上的城池、人生中的风景。

公元 200 年,袁绍在官渡之战中惨败在曹操手下,从此忧虑和恐惧交加,一病不起,两年之后死去,他的长子袁谭自命为车骑将军,幼子袁尚承袭父业,驻扎在黎阳。他们两人各立门户，互相争比高低。

不久，曹操亲自带兵进攻黎阳，讨伐二袁兄弟。袁谭、袁尚在曹军兵临城下之际，暂停了内讧，迎战曹军。士气不振的袁军一触即溃，袁谭、袁尚连夜逃往邺城。

邺城防守坚固，易守难攻，曹操无意恋战，领兵退回，留下贾信驻守黎阳，他想对两袁施行欲擒故纵之计，假装远征刘表，在西平驻扎下来。

曹操的军队刚刚撤走，袁谭和袁尚又开始了内讧，双方你攻我打，不可开交。袁谭在平原被袁尚围困，走投无路，便派遣辛毗向曹操投降，请求曹军前去解平原之围。

曹操为此征求幕僚们的意见。大多数人都认为，眼下刘表的势力日渐强大，应当尽早攻打刘表，以免后患。而袁谭和袁尚已被打败，内部又互相争斗，难以构成威胁，不足以为此担心。

但是，谋臣荀攸却说："如今天下多事，群雄纷争，刘表镇守住江汉地区，没有能力向四面八方扩展，这是他胸无大志的表现。但是袁氏兄弟却占据了北方的四个州，拥有10万大军，如果他们两人团结起来共同战斗，就很难轻而易举消灭他们。现在他们忙于争斗，肯定顾不上两头，等到他们中的一人取胜，势力强大起来，也很难制服。我们正应该乘他们现在内讧时进攻，可以轻易取胜。这是一个绝好的机会，一定不要放过。"

曹操听后觉得有道理，决定同意袁谭的请求，出兵邺城攻打袁尚。袁尚出逃山中，袁谭不久也反叛。曹操在南皮攻杀袁谭，平定了冀州。袁尚在走投无路中投奔了三郡乌丸，曹操跟着又远征三郡乌丸，袁尚逃往辽东。曹军在柳城击溃袁军，辽东太守公孙康将袁尚斩首。

曹操终于乘乱攻灭了袁氏兄弟，取得了河北的广大地区，实力大增。

鹬蚌相争，坐收渔人之利，这一谋略就是充分利用对方内部的矛盾和冲突，坐享其成。这就要求首先要对事物的发展趋势有一个正确的判断，对双方乃至多方的情况必须了然于胸，然后抽身而出，不仅避免了鱼龙混杂的消耗，还可享受到非一人之力可取得的成果。把对方二者的争执之力合而为一，沉住气，待双方有所消耗时，自然便有现成的收获。

企业经商如此，做人亦不例外。许多人往往为了蝇头小利，奋起出击，参与到尘嚣烦忧的混战之中。这正如井底之蛙只能看到井口般大小的天空，身陷纷争之中，是无法看到"庐山真面目"的。若想有所为，就要深知有所不为，以长远之势为重，适时把握好自身情绪，不为周围飘荡的环境所动。坦然隐忍，审时度势，以回旋之力跳到更高的视角，用全局的眼光纵览长短。这其中就要求我们要比以前更能静得下心、沉得住气。待二力相斗而懈时，再全权出击，净收最大化的利益。如此，在让自身的性情得到改变和历练的同时，往往也就收获了不同以往的成果。

有些压力很正常，不必为此太紧张

课堂上，老师端起一满杯水，问："同学们认为这杯水有多重？"

有的学生说是 500 克，有的说是 50 克。众人一番七嘴八舌后，老师徐徐道来："我们这节课的要点并不在于这杯水有多重，关键是你能拿多久。拿一分钟，谁都可以做到；拿一个小时，你就会觉得手臂酸痛；若是一天都拿着一动不动的话，恐怕你就得进医院了。水的重量是一样的，但是你拿得越久，就越觉得沉重。"

我们生在人世，存于宇宙，压力本就是客观存在的。工人有失业待岗的压力，干部有政绩大小的压力，学生则有升学优劣的压力……种种压力被赋予人身，只不过或大或小、或轻或重罢了。所以首先，我们万没有必要因为正常的压力存在而过分紧张。

然而，如同一杯等量的水，压力其实对于每一个人来说都没有太大的差别。但我们若一直把压力放在身上，无论轻重，不知长短，到最后谁都会感到越来越沉重，以致无法承担。压力在很大程度上是一种主观感受，不宜长时间保持，但同时它也是客观存在的。要想改变以往疲沓的状态，我们首先要做的，就应该先放下手中的这杯水，摒除所有关于压力的主观感受，抛弃固有的偏见，心平气和地走近它，客观地看清它的本来面目。

英国著名心理学家罗伯尔曾经说过："压力犹如一把尖刀，它可以为我们所用，也可以把我们割伤。这就要看你握住的是刀刃还是刀柄。"压力分精神与物理两个领域的定义。物理定义具有客观属性，而精神领域是指环境中的刺激所引起的人体一种非特异性反应，即应激。一般来讲，个人关系、工作和经济状况等生活变化都会形成这种对外部压力事件的刺激作用。若是不能全面地认识，则很有可能导致一方的歪斜，从而陷入"齐加尼克效应"。

人们因工作压力而导致心理上的紧张状态被称做"齐加尼克效应"，它源于法国心理学家齐加尼克曾经做的一次很有意思的实验。

齐加尼克将自愿被试者分为两组，让他们去完成20项工作。期间，齐加尼克对一组被试者进行干预，使之未能完成工作任务，另一组则让他们顺利完成全部工作。实验得到两种不同的结果：虽然所有受试者接受任务时都显现出一种紧张状态，但当任务被顺利完成时，紧张状态也就随之消失；而未能完成任务者，紧张状态一直持续存在，他们的思绪总是被那些未能完成的工作所困扰，心理上的紧张压力始终难以消失。

"齐加尼克效应"告诉我们：一个人在接受一项工作时，必然会产生一定的紧张心理，只有任务完成，紧张才会解除。生活中有些压力是良性的，它让我们振作；但更多的则来自于我们感到自己无力控制的压力，这往往会让我们感到疲劳，甚至导致了"齐加尼克效应"。

实际上，只要视之为正常，便相对容易获得一颗平常之心。来亦不惧，去亦不狂，把压力维持在一个有利的范畴内，使之成为不至于轻飘飘的动力。就像美国一句谚语所说:"推到水里的人,能很快学会游泳。"其中的蕴意是:在一定的情况下,压力往往可以转变成动力,助推人们取得成功。只要我们抱着坚定的意志,敢于接受挑战,勇于攻坚克难,自信于不言弃、不服输的气势,就总能在循序渐进中冲向成功的顶峰。但凡具有压力之事,都不可能轻而易举、一蹴而就,这就要求我们要改变耐不住寂寞、经不起损失的心态。当我们学会把压力转化为动力的时候,成功就离我们不远了。

跻身于世界 500 强的海尔集团,十几年前还是一家濒临破产的企业,面对着外债累累、内情涣散的境况,张瑞敏走马上任。

他的心里是有压力的。但也正因为此,张瑞敏大事细做,改革创新,把沉重的压力化为前进的动力,从而给海尔带来了名冠世界的声誉。是压力给海尔集团带来了经济效益,带来了生机,带来了另一个机遇的改变。

面对人生的压力,有人并不因过分紧张而不知所措,反倒有了柳暗花明的转机;面对苦难的压力,有人虽然弯腰却并不折断,反倒成就了永恒的韧性。正如几米所说:"人生最美丽的花总是开在绝境之中的。"作家史铁生在理想满满的青春岁月惨遭命运的洗劫,双腿残废,几经无奈与失落。然而他认识到,既然每一个人都要经历死亡,就要淡然地面对人生中的挫折与困境。史铁生折了一只名为"写作号"的船,将自己从压力的深渊中摆渡出来,终于实现了他的人生价值。

正视压力,与压力共舞;努力地维持,尽力地化解,把当前的紧张感分流到自己能做好的事物上去,获得控制感和自信,将不良压力转化为良性压力。如此便能有效地防止"齐加尼克效应",使我们成就人生全程的美丽。

控制情绪，也要为其找个出口

一个葡萄架上挂着一串串又大又长的葡萄，这无疑是对正在饥肠辘辘的狐狸最大的诱惑。但它想尽了各种办法也没有摘到。吃不到葡萄的狐狸并没有表现出过多的气愤，只在悻悻离去时安慰自己说："葡萄是酸的。"

狐狸继续往前走，很久也找不到食物，最后只找到一只酸得倒牙的柠檬——这实在是一件不得已而为之的事，眼下也只能以此果腹了。但狐狸看着手里的柠檬却说："这柠檬是甜的，正是我想吃的呢。"

也许很多听过这个故事的人都会嘲笑这只狐狸，但殊不知，其实生活中，我们也经常充当着这只狐狸的角色，只是我们自己没有意识到，或不愿承认罢了。

对于狐狸这种有点儿自欺欺人的心理，从排压解难的角度来看，也未必都是不可取的。心理学还因此而产生了"酸葡萄心理"和"甜柠檬心理"这两个术语，意为人们对自我产生的一种安慰。

其实，我们经常会遇到这样的心态：当一件心仪已久的物品被别人买走了，虽然颇感遗憾，但仍会安慰自己"肯定会有比这个更好的"；当同事升迁高就而我们还在原地徘徊时，闷闷不乐、备感失落后，也会暗自告诉自己："职务越高责任越重，还是无官一身轻的好啊！"

在心理学上，这都是一种自我防御机制在起作用，我们自身的防御机制在起作用。这也正是为情绪找出口的一个重要途径。所谓自我防御机制，是指人们无意识的层面中一套自动发生作用的、非理性的应付焦虑的心理适应过程，通过自我的言语、行为、思想、情感等虚构或歪曲现实，以达到保护自己，协调本我、超我与自我关系的目的。只要我们能够合理化地应用这样的机制，就像前文所说的"酸葡萄心理"和"甜柠檬心理"一样,自我防御机制也能够帮助我们理解自己和他人的情绪状态,从而引导并形成健康的人格。

纵观历史,没有人是一帆风顺的,但也很少有人一生都跌宕起伏的。喜怒哀乐本就是人们正常的情绪表达,只不过不经管理则会以一种散乱的状态和游离存在。我们说控制情绪也好,自我防御也罢,绝非是要压抑之,而是理性地将其分类,让其有效地排成不同的队列,在恰当的时机、恰当的环境找到恰当的出口。

随着一些年轻员工跳楼自杀事件的不断升级,引发了人们对年青一代心理健康状况的关注。面对着情绪的雷区,时下有许多新兴的减压族群,好坏褒贬,不一而足。

打着"我们跳的不是床,是创意!"宣言的"跳床族",是时下被标榜为最流行、最时尚的年轻一族。全球各地的跳床爱好者会选择弹性好的床(更多是酒店的大床),跃起并在空中摆出各种爆笑的动作和姿势,然后把捕捉到的精彩照片上传到博客或是接受图片上传的网站上,供大家娱乐和欣赏。创意十足的网友们利用这个机会充分发挥天马行空的想象力,跳姿、表情千奇百怪,参与的兴奋度不亚于参与一项极限运动。

而"网上晒密族"则说:"我晒的不是秘密,是寂寞。"时下,对于都市白领来说,最新的减压方式不过如此:不用注册就可以尽情地在网上匿名宣泄隐藏在自己内心深处的各种秘密。这一形式的出现也引来众多倾诉者和偷窥者。

无论是哪一种方式,也暂且不去追究其背后的正负意义,单就这些现象就可以看出:每个人在面对纷繁复杂的世界时,都会或多或少地积累着自己不良的情绪,或远或近地存在着苦闷和烦恼——而此时,都需要找寻一个出口、一种方式、一个渠道。无论是自我舒缓、转移视线的"内方式",还是倾诉交流、心理咨询的"外方式",只要让情绪得以正常地流动,则能起到舒缓压力、放松心情的作用,从而不被情绪所绑架,成为它的奴隶。

每一个人都有被自己情绪卡住的时候,若想让自己维持良好的能力磁场,保持内心的愉悦,很重要的一个关键便是不要一味地"堵",而要"疏"。只有采取疏的动作,才有可能改变以往压抑的状态,达到畅通的效果。

心灵的散步,不需太"匆匆"

"洗手的时候,日子从水盆里过去;吃饭的时候,日子从饭碗里过去;沉默时,便从凝然的双眼前过去。我觉察它去得匆匆,伸出手遮挽时,它又从遮挽着的手边过去。天黑时,我躺在床上,它便伶伶俐俐地从我身上跨过,从我脚边飞去了。等我睁开眼和太阳再见,这算又溜走了一日。我掩着面叹息,但是新来的日子又开始在叹息里闪过了……"

这是朱自清先生的《匆匆》,它让我们不时感叹:时间犹如流水,一去不复返。如此,便有了"快"和"赶"的生活步调。

我们都像是在时代的传送带上被向前运转着,久了,便不自觉地被自己或外界的情绪所"绑架"。于是,就有了方方面面的提速:在没有微波炉的时代,做一顿饭常常要30分钟以上,而现在用微波炉只要3分钟,可我们还是觉得这速度真"肉",不时站在微波炉前焦急地等待;进入数码时代,计算机运作速度以几分之几秒来计算。然而,我们还是嫌这破机器太慢,经常能听到办公室里有人疯狂点击鼠标的声音,嘴里喊着快、快、快。我们的交通工具也从最初的马车发展到了今天的汽车、火车和飞机,都日行万里了,可有人仍旧认为不够快,日日喊着要提速。

就这样,我们在惜时如金、箭步如飞中日复一日,年复一年,可惜的是,生活并没有因为加速的脚步而变得美丽。

一次,在超市看到一袋剥好了的、又白又饱满的瓜子仁,很是诱人,就买了回来。

一路上盯着那袋"白白小仁"垂涎三尺,到家后早已是按捺不住,抓了一把就往嘴里送,心想着,这直接吃到嘴里的速度不知比嗑瓜子、剥皮要快多少倍,这种"不劳而获"的感觉真让人畅爽。

但,当满把的瓜子仁在口中被咀嚼时,却怎么也品不出平时一颗颗嗑来的香味儿。再来一口,还是这种感觉,全然没有了无穷的回味,也就没有了再吃的兴趣。

一样的瓜子,为什么被"加速"剥出来的吃起来反而不香呢?

想来,我们平日里嗑瓜子,慢慢而不经意间就嗑出了一种悠闲。边吃边聊,感受的是那个"慢步"的过程。而现在,面对这样已经剥好了的瓜子仁,省略了最重要的过程,吃到嘴里自然也就没有那个味儿了。

1986 年,意大利人 Carlo Petrini 推动了一项全新的运动:"慢食运动",从此让人们不断思考自己的生活。"慢食"不只是要慢慢品尝食物,更是一种懂得珍惜和欣赏的生活态度。"慢"的真义是指我们必须能掌握自己的生活节奏,掌握自己的品位,世界才会更加丰富。

约翰·列侬曾经说过:"当我们正在为生活疲于奔命的时候,生活已经离我们而去。"过大的生活压力、过快的生活节奏使我们在不知不觉中失去了平静,怎么也难以克制那股浮躁、不安和焦灼,健康状况亦极度恶化。大家都忙着赶路,却根本来不及体验生活的美好。在经历了一个极大的浮躁过程之后,很多人的心灵开始慢慢回归,返璞归真,慢生活也在全球悄然兴起。早在 1989 年,罗马以及意大利的其他城市就发起了慢城市运动,并渗入世界各国。

2005 年秋季,意大利人贡蒂贾尼成立了"慢生活艺术"组织,并倡议"世界慢生活日",也称全球慢生活日。

2007 年 2 月 19 日,在第一个"世界慢生活日"里,贡蒂贾尼和其他组织成员装扮成警察,来到米兰中心广场,向行色匆匆的路人开出自制"超速罚单"。

当天的"超速罚单"共发出了 500 张。

2008 年 2 月 25 日是第二个"世界慢生活日"，类似的活动在美国纽约联合广场上举行。贡蒂贾尼回忆说："纽约人收到我们的'罚单'后说，愿意加入我们，放缓生活节奏。"

第三个"世界慢生活日"是在 2009 年 3 月 9 日，贡蒂贾尼和同伴出现在日本东京，戴上了自制的意大利警察帽，向行人发放传单，并对走路太快的人开"罚单"。他们倡议人们减慢生活节奏，因为"慢生活，才快乐"。

第四个"世界慢生活日"就在不久前的 2010 年 3 月 16 日。在意大利，人们庆祝了"世界慢生活日"，当天，意大利许多城市民众可以享受到免费的公共交通，政府还在街头组织诗歌朗诵比赛，人们甚至可以尝试免费的瑜伽和太极练习，同时还对那些步伐过快的人予以"模拟"处罚。这一切都是旨在教会人们如何去放慢节奏，享受生活。

诚然，忙碌是避免不了的，不安的危机感也的确很难停止。然而，我们可以改变的是对待生活的态度。当夕阳优雅而缓缓地隐没在灯光流离的夜幕中，我们不妨懒散地牵着心灵去漫步，于文字、于音乐、于默契的无言之中。随意摘下一朵小花，喝一杯咖啡，看一部旧电影，静静地享受一下简约且安逸的生活。放松与和谐的身心才能让我们有机会成为自己，成为生活的主人。

在一路狂奔的忙碌旅程中，舞蹈的是我们无怨的指尖；即使被丢弃，也不忧不痛。正所谓"夏去冬至春复来，人间正道是暖阳"。牵着心去散步，心若静，尘自飞；心若安，尘自乱。如此，无尘的心便轻上天堂。

第八章
从今天起，开始你的人脉储蓄

在美国好莱坞流行着一句话："一个人能否成功，不在于你知道什么，而是在于你认识谁。"可见，"人脉"对于成功具有举足轻重的作用。

在现实生活中，总会遇到形形色色的人，这就不允许我们随性地选择。朋友本无好坏，只是我们主观上认为的个性与理念的不同。和不同个性的人打交道，学着适应环境，学着赞美别人。这不仅能展现强烈的个人魅力，还能拓展我们的社交圈。而在朋友属性的互相转换中，我们自身往往也就会跟着发生一些意想不到的改变。

再友善一点,路就会更宽一点

李嘉诚因屡屡在危难之中帮助濒临破产的厂家,而被人们称为香港塑胶业的"救世主"。

对此,李嘉诚说:"差不多到今天为止,我最引以为荣的就是任何一个国家的人,任何一个省份的中国人,跟我做伙伴的,合作之后都能成为我的好朋友,从来没有因为一件事闹过不开心。这要靠讲信用、够朋友,还要知道对自己节省、对他人慷慨。"

李嘉诚扶危济困的义举为他树立起了崇高的商业形象,使他的声誉和声望如日中天。而这种信誉和声望又给他带来了无穷无尽的生意和财富。

李嘉诚在生意场上只有对手没有敌人,不能不说是个奇迹。"善待他人,做对手,不做敌人",在任何时候都友善待人,是李嘉诚一贯的做人准则,即使在充满了尔虞我诈、弱肉强食的商场亦是如此。想一想他曾说过的一句名言:"人要去求生意就比较难,生意跑来找你就容易做。"正如那首老歌里所唱的:"千里难寻是朋友,朋友多了路好走。"要想开拓更宽的路,结交更多的朋友,就要善待他人,充分考虑对方的感受。

一个人能不能得到朋友,得到怎样的朋友,关键在于自我私心的大小。在为自己着想的同时,也能够想到别人,那么就不会给自己树立敌人,就会赢得他人的敬仰和信赖。

友善待人,滋润自己也滋润别人。或许我们给予别人的帮助是那样的微不足道,但在他人眼里却无异于天降甘露,甜美万分。在人们陷入困窘之时,往往也是心灵颇为脆弱之际,此时若能想人之所想、急人之所急,便也许是天下最为温暖的源泉。那些正在体验应如何施予以及如何接受的人,乃是最富有的人。在不自知的日后,一个始料未及的回馈可能就与我们不期而遇。

从前有个贫穷的小男孩,为了攒够学费去上学,便挨家挨户地推销商品。一天下来又饿又累,但摸遍全身却也只有一角钱。他决定向下一户人家讨口饭吃。

打开房门的是一个美丽的女孩子,这让小男孩有点儿不知所措。他只腼腆地祈求她能给一口水喝。看到小男孩饥肠辘辘的样子,女孩子就拿了一大杯牛奶给他喝。小男孩慢慢地喝完牛奶,问道:"我应该付给你多少钱呢?"

女孩子的脸上露出真诚的微笑:"一分钱也不用付。妈妈跟我说,施予爱心,不图回报。"

小男孩说:"那么,就请接受我由衷的感谢吧!"说完男孩就离开了这户人家。此时,他仿佛看到上帝正朝他点头微笑,那种男子汉的豪气如山洪一样重新迸发出来。

很多年以后,那位年轻女子得了一种十分少见的重病,当地的医生对此束手无策。年轻女子因此被转到一个大城市,由专家来会诊。而大名鼎鼎的霍华德·凯利医生也参与了医治方案的制定。当他看到病人的来历时,一个奇怪的念头霎时间闪过他的脑海,他马上起身直奔病房。

果然,凯利医生一眼就认出了躺在病床上的人正是曾经帮助过自己的恩人。他回到自己的办公室,决心一定要竭尽所能来帮助恩人把病治好。从那天开始,凯利格外关照这位病人,竭尽所能要把她的病治好。经过艰辛的努力,手术终于成功了。

当结算医疗费用时,凯利医生要求把医药费通知单送到他那里。在通知单的旁边,他签了字。当这张医药费通知单送到这位特殊的病人手上时,她甚至不敢去看这份几乎将会花去她全部家当的单子。

当她终于鼓足勇气翻开医药费通知单时,旁边的那行小字引起了她的注意。年轻女子不禁读出声来:"医药费———一大杯牛奶。霍华德·凯利医生。"

年轻女子的举手之劳却换来了曾经贫穷无助的凯利医生一生的感激。当年，在给那个男孩一大杯牛奶时，也许她永远不会想到，当年的男孩会给她如此昂贵的报答。想来，果然是应了那句"好人有好报"的福话。

友善就像一股暖流，让再冰冷的心也能得到融化和温暖。两个彼此并不熟识的人之间因为友善而心生好感，如冬日午后的暖阳一般让人备感惬意。

"海内存知己，天涯若比邻"，只要我们愿意，任何人都可能成为我们的朋友。在别人需要的时候拉一把，在平日里再多一份友善。如此，在为他人着想的时候，也就拓宽了自己的道路。

善于借用外力，适当的时候一步登天

法国科学家法拉第原本只是一位印刷厂的工人，在装订图书的过程中对科学产生了兴趣，自己开始动手做一些简单的实验。戴维的一次化学讲座对于法拉第来说可是一个千载难逢的机会。听完讲座后，法拉第鼓足勇气，把自己的心得笔记寄给了这位大科学家。

令法拉第感到意外并欣喜若狂的是，没过几天，戴维就邀请他去参加一个讲座。在戴维的指引和鼓励下，法拉第做了许多出色的实验工作。后来，法拉第还被引荐为皇家学院教授，成为了一位著名的科学家。

"好风凭借力，送我上青云。"这个力可以是外力，可以是你的贵人朋友。要想采摘成功的果实，不仅需要勤奋苦干，而且还需要借助外界的力量。可以说，外力给予一个支点，我们也可以撬起整个地球。

面对运气，我们无法选择与之相遇的时间，却可以有办法让遭遇到的坏运持续时间缩短，尽快向好运转变，也可以有办法让遇到的好运持续时间更长。这个办法就是"借助他人之力"。俗话说得好："一个篱笆三个桩，一个好汉三个帮。"

成功之人之所以好运比失败的人多，是因为他们善于"借助他人之力"为自己创造好运。"世界上没有免费的午餐"、"天上掉下乌纱帽，还要主动伸头接"。不主动，即使贵人就在身边，也不可能引起他注意、获得赏识、得到帮助。只有主动争取到的贵人，才更相信我们的才华，从而心甘情愿地帮助我们。

成功实际上就是一个不断成长的过程。在这一过程中，个人的奋斗虽然是主要因素，但离开了别人的栽培，难免会走太多的弯路。在成长的道路上，贵人的栽培尤其重要。没有他们的发现，再好的人才也可能会被埋没；没有他们的引导，再聪明的人也可能会误入歧途。反之，若能得到贵人的扶助，那万事就不难了。

可贵人并不是一眼就能认出的，也不会有多少人愿意贴着"贵人"的标签而四处张扬。我们说要擅于抓住潜在的贵人，并不是说在与人交往中凸显目的性和功利性。而是说，要凡事留心，凡事与人为善。我们无意种下的"因"，就有可能在日后结出意想不到的"果"。其实，每一个人身边都时刻充满了能将自己推向另一座高峰的机遇，所谓的"贵人"也是无处不在，关键就在于你是否有一颗懂得"栽培"的心。

奔驰工业公司发展历程中的重要领导人之一，尤尔根·施伦普，1989 年 4 月被正式任命为该公司的董事，参与了此后奔驰公司的每一项重大决定。他的成功源于个人努力，但也不能忽视"伯乐"的相助，更离不开他为争取到"伯乐"相助而作出的努力。

起初，施伦普只是被奔驰子公司老板卡尔弗里德·诺德曼发现并进入子公司内部工作。但一段时间以后，施伦普清楚地认识到，在德国奔驰公司总部和本国子公司这样人才济济的环境中，自己是很难在短时期内作出贡献的，要想进入公司高层就更加困难。因此，他几次三番地向公司提出，要去国外的分部工作。

恰逢总公司计划增强国外市场的开发能力，于是就把施伦普派到了南非。在一次发动机国产化的招标会上，施伦普仔细权衡各种情况后，主动出击，及时向他的上级提出自己的主张。这是他进入奔驰公司第一次与总部设在海外投资的董事——林内博士谈话，但此次谈话就给这位董事留下了深刻的印象，更为他日后的成功奠定了基础。

林内博士十分赏识他，主动向他咨询当时的解决方法，施伦普借机提出了一项建设性意见，认为南非子公司可以批量生产总公司新开发的昂贵发动机——6缸V型发动机。施伦普陈述了不少充足的理由，使林内博士非常感兴趣。林内博士很快就向德国有关专家咨询了这个项目的前景，不久就表示要实施这一项目。最终奔驰子公司参加了南非发动机项目的投标，最后以绝对优势打败了强大的美国对手，一举夺标。

而后，施伦普由于出色的工作业绩和能力一路升迁。1985年，在林内博士的推荐下，施伦普被任命为南非奔驰子公司的董事长兼总经理，迎来了他职业生涯中的辉煌时代。1987年9月，施伦普再次被提升任命为总公司副董事，回到德国总部。1989年4月，他被任命为公司董事。自此，施伦普就成为了奔驰公司重要的决策人物。

施伦普顺利地实现了他当初立下的"进入公司领导层"的目标，在他的奋斗历程中，林内博士可谓是他的贵人。但与许多人不同的是，这个"贵人"是通过施伦普主动出击而争取到的。若当初不采取"送货上门"的做法，想必也就不会有今日他所拥有的一切了。

在"伯乐不常有"的环境下，除了让自身具备吸引他人之处，还应该主动争取，让我们的贵人朋友乐意走到自己身边。这就是新时代下身为"千里马"的我们的变革：善于借力，毛遂自荐；少了一份苦苦的期待，增加了一些自信的色彩。用行动去寻找属于自己登高的梯子，通向成功的桥梁就在我们自身的改变中搭就！

摒弃"凡事自己来"的思想

自然界中,我们经常能看到大雁排成"人"字形或"一"字形在天空中飞过。为什么要排成一个队形飞翔?若是每只大雁单独飞翔,要比跟着领队团体飞翔所耗的体力大 10% 左右。领队的大雁会避开风的阻力,使整个雁阵更有效率。

而实际上,所有的大雁也都愿意接受团体飞翔的队形,而且都协助队形的建立。如果有一只大雁落在队形外面,它很快就会感到自己越来越落后;而由于害怕落伍,它便会立即回到雁群的队伍中。如果没有这样一个三角形的队形,大雁也就没有足够的能量完成它们的长途迁徙。

人类亦是如此,只要懂得和朋友或同伴合作而非单打独斗,往往就能"飞"得更高、更远,而且更快。那些失败者大都是单枪匹马闯天下的"个人英雄",由于没有借助群体的力量,因而自己的不足与欠缺得不到互补;而许多成功者都会借助别人的才智、技术、方法等,因此取得了令人称羡的辉煌业绩。

即使个人在荒野中隐居,也仍然需要依赖自身以外的力量生存下去。人越是成为文明社会的一部分,越是需要依赖与人合作。要想获得高质量的生存和发展空间,就必须得到大家的帮助。能否与别人合作,是一个人事业成败的关键环节。从某种意义上说,我们所在的社会是个人际网络型社会,一个人要想有所成就,就必须对"合作精神"给予更多的重视。

一个人的能力本来就有限,而在当今这个科学交叉、知识融合、技术集成的大背景下,个人的作用更是日渐减小,一个人不可能同时拥有成就事业所必备的所有能力。未来的竞争将是协作型的竞争,个人的力量在激烈的竞争中往往是不堪一击的。成就事业的关键在于群体的合力。

香港首屈一指的皮革大王方新道,就是通过"找到了好的合作伙伴"而发迹的。当年皮革行中的一名小学徒,如今创办的西伯利亚皮革行,规模已堪称香港之首。

方新道待人随和、虚怀若谷,许多人都乐于与之相交。其中,程觉民、钱要基、岑主贵三人是他最要好的朋友,也是最好的合作人。

20世纪50年代,方新道在香港开了一间皮革小店,在一个陌生的环境从事一种营业范围十分狭窄的生意,其中的艰苦不难想象。而胸怀大志的方新道不想只谋温饱以遣余生,便想努力扩大自己的经营规模,又被手头不足的资金所困。当时正在开银行的程觉民手头颇丰,接到方新道在困难之际的求援,毅然两肋插刀、倾其所有鼎力相助。程觉民的支持使方新道局面大开、财源广进。而方新道也自然是投桃报李,聘请程觉民为董事长,给其高额的贷款利率。

有了经济上的帮助,方新道就大刀阔斧地开始了自己的经营。而在早期的生意运作上,他又主要依靠自己的盟兄弟岑主贵。20世纪50年代中期是方新道皮革行的鼎盛时期,而他的每一项决策,甚至业务上的细节,都倾注了岑主贵的心血。因此,在岑主贵不幸因病去世时,方新道因痛失良友和得力助手,曾停业数日以示哀悼。

在皮革行赚了大钱后,方新道又转而兼营房地产和建筑业。而此时生意上的副手便是钱要基。20世纪60年代初,钱要基舍弃航运,离开澳门,只身来到香港。他与方新道本属于一个基督教会的弟兄,来港不久便与方新道联络甚密,且有相见恨晚之感。钱要基深谙经营之道,在他的协助之下,方新道的生意趋向多元化。方新道名下本已有贸易公司,在钱要基的策划下又大规模在房地产界寻求发展。同时,钱要基建议采取预卖楼房的政策,在香港寸土寸金的环境下,为方新道赚取了丰厚的资产。

我们不难看出,一个人孤独地奋斗是很难获得巨大成功的,只有经过和同伴和谐一致的共同努力,才可能获得人生的最大成就。正所谓"一个巴掌拍不响,万人鼓掌声震天"。当我们向成功终点冲刺时,切忌陷入单枪匹马、孤军作战的困境之中。

你有一个设想,我有一个设想,两人交换的结果就是拥有两个设想。同样的道理,当我们独自研究一个问题时,可能需要思考 10 次,而这 10 次思考几乎都是沿着同一思维模式进行的。如果进行集体研究,从他人的发言中得到启示,使自己产生新的联想,也许一次就可以完成我们自己思考 10 次才能想出的问题。

1+1>2 是个富有哲理的不等式,它表明集体的力量并不等于个人力量的累加之和。在我们摒弃"凡事自己来"这样思想的同时,不但会成就事业,还会在通力协作的过程中让普通朋友逐渐变成好朋友,从而使我们原有的交际模式得到彻底的改变。

批判别人难相处,自我批判巧搭桥

美国财经界领袖豪威尔一直保持着自我分析、自我反省的习惯,这对他的事业和做人都起到了非常巨大的作用。

在被问及成功的秘诀时,他说:"几年来家人从不指望我周末晚上会与他们一起度过,因为他们知道我通常会把那段时间留作自我省察,评估自己在这一周中的工作表现。晚餐后,我独自一人回顾一周来所有的面谈、讨论及会议过程,并不断自问:'我当时做错了什么?''有什么是正确的?''我还能干什么来改进自己的工作表现?''我能从这次经验中汲取什么教训?'等等。这种每周检讨有时弄得我很不开心。有时我几乎不敢相信自己的莽撞。当然,当年事渐长,这种情况倒是越来越少。"

事实上,大多数人极不情愿接受批评,一旦被否定,就会几乎是本能地出现紧张、厌恶,甚至是发怒的情绪。而往往,不能接受批评也会成为他们做人做事的障碍,影响着人际关系,阻碍着成功。

一般人常因他人的批评而愤怒,而真正大智者却能从中得到学习。往往,对手对我们的看法比自己的观点可能更接近事实。与其等待别人指出我们的不足，倒不如自己主动接受批评。诗人惠特曼曾说："你以为只能向喜欢你、仰慕你、赞同你的人学习吗？从反对你的人、批评你的人那儿，不是可以得到更多的教训吗？"

在别人抓到我们的弱点之前，我们应该自己认清并处理好这些不足。达尔文就是值得我们学习的最好楷模：当他完成自己不朽的著作《物种起源》时，他已经意识到这一革命性的学说一定会震撼整个宗教界及学术界。因此，他主动开始自我评论并耗时数年，不断查证资料，向自己的理论挑战，批评自己所作的结论，从而在批评与自我批评当中完成了他的事业。

我们每个人不可能永远都是正确的，所以勇于认错、勇于说出缺点也不会让我们丧失信誉。相反，兴许就会从中搭建出一座走向成功的桥梁。只有接受了批评，并加以改正，我们才会进步得更快。

虽然明白这样的道理，但当受到批评的时候，大多数人还是会不假思索地采取防卫姿态。这也不难理解，人性的弱点之一就是不管正确与否，总是讨厌被批评，喜欢被赞赏。但能否改变自己，也恰恰取决于我们是否能克服、超越自身的弱点。我们不妨向那些有大成大智的人学习，当听到别人谈论自己的缺点时，不急于辩护，不但谦虚、坦然地接受，更加可贵的是，主动要求受到他人的批评。而这正是自我批评的另一种表现形式。

美国一家大公司的总裁鲍伯·霍伯从不看赞赏他的信，只看批评的，因为他知道自己可以从中学到一点儿东西。

福特汽车公司为了了解管理与作业上有何缺失，特地定期邀请员工对公司提出批评。

有一位香皂推销员常主动要求别人给他批评。当他开始为高露洁推销香皂时，订单接得很少。经过认真分析思考，他确信产品或价格都是过硬的，所以问题一定是出在自己身上。每当推销失败时，他就会在街上一边走一边想自己什么地方做得不对,是表达得不够有说服力还是热忱不足?有时他会折回去问那位商家:"我不是回来卖给您香皂的,我希望能得到您的意见与指正。请您告诉我,我刚才什么地方做错了?您的经验比我丰富,事业又成功。请给我一点儿指正,直言无妨,请不必保留。"正是这样的态度为他赢得了许多友谊,以及珍贵的忠告,也是他的这种善于自我批评的工作态度,把他推向了高露洁公司总裁的宝座。他就是立特先生。

人无完人,既然不能保证100%的正确,又为何要去拒绝那些有建设性的意见与批评?我们无法防止犯错,唯一能做到的与过去不同的,就是记下自己做过的错事,主动提出自我批评。如此一来,不但大多会得到别人的宽容和原谅,获得更广泛、更稳固的人际关系,更多的是,在通往成功的道路上,许多障碍不复存在,取而代之的却是一座座桥梁。

赞美功课要做足

两个猎人,同样的事情,不同的话语,产生了完全相反的结果。

这一天,两人都打到两只兔子拿回家。猎人甲的妻子瞥了一眼后,冷漠地说道:"你一天只打到两只小野兔吗?真没用!"

然而,猎人乙的妻子欢天喜地说:"亲爱的,你一天就打了两只野兔?真了不起!"

第二天,甲猎人故意空手而归,他要让妻子知道打猎是件多么不容易的事情。而猎人乙的情况则不同,这次他带了4只野兔回去。

英国政治家切斯特·菲德尔有这样一句名言:"要使人喜欢你,首先要使他多喜欢自己一点。"几乎每个人都喜欢受到表扬,听到赞美。对此,戴尔·卡耐基认为,一般来讲,人们除了对生命、食物、健康、睡眠、性生活等方面的基本需求,最深切又最难以满足的就是自重感。这是一种痛苦而亟待解决的人类"饥饿"感。如果谁能诚挚地满足这种内心饥饿，谁就可以将人们掌握在他自己的手掌之中。

若想改变我们朋友圈的质量，让更多的普通朋友转化为好朋友，增进与他人之间的友好关系，其实方法很简单：看到对方值得称赞的地方，然后真诚地赞美。它往往能够让对方的自尊心得到强烈的满足，拉近我们与他人的距离，从而改变在人际交往之路上的跋涉。

美国哲学家约翰·杜威说："人类本质里最深远的驱策力，就是希望具有重要性。"而满足这种驱策力，往往在给别人送去尊重与欣赏的同时，也让我们自己得到不一样的礼遇。

美国著名小说家柯恩在去世时，被外界公认为是世界上最富有的文人。而他出身于铁匠之家，从小没有受过什么高等教育。他一生的轨迹可以说是因一次赞美而改变的。

柯恩喜欢诗词，读遍了罗赛迪的诗后备感崇敬，于是写了一篇真诚的演讲稿，歌颂罗赛迪在学术上的成就，并且寄了一份给罗赛迪。

罗赛迪颇感意外，也非常高兴，认为一个年轻人能对自己的才学有这样高超的见解，一定很聪明。于是，罗赛迪就请了这个铁匠的儿子去伦敦当他的私人秘书。柯恩的一生从此发生改变，并最终取得了举世瞩目的成就。

柯恩的成功不仅在于他毫不吝啬、真诚的赞美，更多的是懂得如何去表达。往往，针对一件具体的事而进行客观的赞美，远比直接恭维一个人要高明得多。这就好比夸奖一个厨师时，告诉他"一星期会有多一半的时间特意去餐厅品尝他的手艺"，要比直白地说"你真是一个好厨师"来得实际。

最真诚的慷慨就是赞美。俗话说"人活一张脸，树活一层皮"，要知道，很多人甚至把荣誉看得比生命还重要，为何不真诚地送出赞美之辞，让大家都快乐呢？正所谓"送人玫瑰，手留余香。"赞美别人能够使他人产生奇迹，一句好话、一个微笑、一个肯定的眼神有时就能给人以无限的鼓舞和温暖。满足了别人的自尊,自然就会博得更多人的喜爱以及真诚的合作。

柯达公司的伊斯曼发明了透明胶片后,电影的摄制获得了巨大成功,同时也使他本人成为巨富。为了纪念母亲,伊斯曼建造了伊斯曼音乐学院和凯本剧场。

在此过程中,纽约优美座椅公司的经理爱达森希望能承包该剧场的座椅工程。但是,众人了解的是,伊斯曼的日程安排非常紧凑,且脾气又不太好,如果谁要是多占用了他哪怕5分钟的时间,他就会决定从此不再与那个人打交道。

而爱达森却是深谙赞美之道,有备而来。当他被引进伊斯曼的办公室时,看到伊斯曼正忙于工作,头都不抬地询问来人有何贵干。

爱达森说:"伊斯曼先生,我很羡慕您的办公室。如果我能有这样一间办公室,一定会觉得能在这里工作是件让人极为高兴的事。您看,我是从事室内木制品经营的,可从来没有见过这么漂亮的办公室。"

听到这样的话,伊斯曼的情绪受到了感染:"谢谢你提醒了我已经差点儿要忘记的事,这间办公室我确实非常喜欢。可我现在工作忙,没把太多精力放在这上面。"接着,他兴致勃勃地向爱达森介绍起办公室的英国橡木壁板、自己设计的室内陈列等。

接下来,爱达森很自然地从办公室的设计谈到伊斯曼的创业,最后过渡到要修建的剧场。5分钟的时间早就已经过去了,而爱达森也如愿以偿地获得了自己想要的合同。

赞美的作用,就是把他人需要的荣誉感和成就感恰如其分地奉送上去。当对方的行为得到我们真心实意的赞许时,他渴望得到认可的心理需求便得到了满足,从而在精神上获得了强化和鼓舞。在不知不觉中,就把"我和你"变成为"我们",从而帮助我们实现目标。

在此基础上，若是能做到"雪中送炭"，就显得更加有实效和贴心了，而不是"锦上添花"。俗话说，患难见真情，一句赞美的话，在内心自卑或身处逆境的人心中所产生的冲击，要比在那些被鲜花和掌声围绕的人心中所产生的效果大得多。

总之，不管是"锦上添花"也好，"雪中送炭"也罢，只要赞美得当，都会起到积极的效果。它表达的是我们的一片善心和好意，传递的是信任和情感，化解的是有意无意间与人形成的隔阂和摩擦。赞美别人，仿佛是举起了一个火炬，照亮别人的同时也照亮了自己。在此过程中，就会让彼此有了隔阂的心墙破冰融合，从而改变两颗心之间的距离，也改变我们自己的人生局面。

有效沟通，事半功倍

后现代企业之父汤姆·彼得斯在其代表作《追求卓越的激情》中指出，带有情感的沟通可以提高企业的效率："在美国是头号的管理效率问题，究其原因实际上很简单，那是因为管理人已经和自己的员工以及自己的客户失去了联系。我所说的保持接触和联系，不是指通过计算机打印文件或者没完没了的会议所进行的接触和联系，而是指真诚的和发自内心的交流和沟通。"

在现代企业管理中，大部分的管理失误都是沟通不畅或不当所致。正如社会学家分析现代社会失败的婚姻中，70%是由于缺乏沟通导致的一样。可见，有效的沟通已成为当今人们不得不认真对待的问题。

沟通不是目的，而只是一种手段。我们并不是为了沟通而沟通，而是通过沟通交流信息、解决矛盾。同时，沟通不是一个点的结果，而是一个贯穿于日常生活中的过程。它不是一次接待或一次正经的座谈会就可以囊括的，而是包括了日常信息收集、信息交流和沟通结果落实等诸多方面。

与以往不同的是，我们这里说的沟通并非是偶尔为之，或是非要等出了问题，有了矛盾后才应急，而是日常性地主动交流与听取、分享与促进。也许我们更应改变的是一种观念，要知道，朋友之间的交往如亲情、爱情一样，都是需要经营的。而有效的沟通则是美好经营最重要的基础。

古人把五味沟通称之为"和"，把五音沟通称之为"谐"。由此可以看出，沟通不仅仅是一个口耳相传的简单动作，也是用心去调动我们所有的感官，感其所受，知其所情。若想达到这样的效果，平等与礼节是首要的。在传递信息时，要充分考虑到对方的情感因素，做到平等相待，善于换位思考。在此基础之上学会倾听，注重沟通的连贯性。当对方陈述或表达自己的意思时，要耐心倾听，仔细分辨，以平和的心态接纳其表述的完整。即使有不同意见，最好也不要中途打断，以保证沟通的顺畅。

可以说，越是富有情感的沟通，越能体现出它的有效性。成功的管理者往往都极其重视外向且颇为感性的沟通。

在彼得·德鲁克看来，被誉为第一位成功的职业经理人、20 世纪最伟大的CEO——艾尔弗雷德·P·斯隆，之所以能够在 20 世纪二三十年代把通用汽车建设成为世界第一的汽车制造公司，正是得益于与顾客的有效沟通，从而让顾客和他一起把事业干出来。

无独有偶，美国社会上最有影响的十大企业家之一、麦当劳外送店的创始人雷·克洛克，也得益于他的"走动管理"。他花费了大部分工作时间到各个分公司及其下属部门走走、看看、听听、问问。

曾经，麦当劳公司一度面临严重亏损的危机，经考察，雷·克洛克发现其中一个重要原因是公司各职能部门的经理有严重的官僚主义，习惯于躺在舒适的椅背上指手画脚，把许多宝贵的时间耗费在抽烟和闲聊上。

于是，雷·克洛克想出一个"奇招"：将所有经理椅的靠背锯掉，并立即照办。这给克洛克招来很多非议。但渐渐地人们就体会到了他的一番"苦心"。他们纷纷走出办公室,深入基层,开展"走动管理";及时了解情况,现场解决问题,终于使麦当劳扭亏为盈。

有效的沟通往往能带给我们事半功倍的改变,但有些基本原则却并非都是我们容易掌握的,所以需要格外注意。首先,在与朋友交流时,不要想当然地认为对方能够领悟我们没有直接表述的意思。问题越复杂,这个原则越重要。有时我们想当然地认为听众和自己一样了解问题的背景信息,可以牢牢把握所要讨论的问题。但实际上,可能对方对这些信息根本一无所知。所以,当我们拿不准的时候,最好能清楚地讲明,以免造成理解上的偏差。

其次,不要将主观看法当做客观事实。也就是说,我们决不能对主观命题的真假作出随意的判断。要想让某个主观命题被大家接受,用论证取代随意,往往让具有不同意见的沟通进行得更加顺畅。

再次,要避免使用模糊和多义的语言。这是制约有效沟通的两个典型因素,因为它们通常都不能明确表达出某个特定的观念,而是游走于不同的观念之间。一个词语的指代物不明确,那就是模糊的。在使用一些较为抽象的词语时,一定要对其作出准确的解释。其中,容易引起模糊的一个分支是双重否定。要想改变以往冗繁低效的沟通模式,就尽量不要使用双重否定。与其说"这里不是不欢迎她来",不如直接说"这里欢迎她来"让人更容易明白。

最后,要根据对象选择合适的语言。沟通的关键是理解,不要对着外行人说业内行话。要知道沟通最忌讳的事情之一就是故作高深,让人云里雾里。

在学习、掌握以上原则的同时,就在潜移默化地改变着我们自身的一些交流习惯。如此,不仅可以避免误会,还能让我们的人际关系从此打开一个崭新的局面。

要比别人聪明，但不要告诉他

在孔子年轻的时候，曾经受教于老子。当时老子曾对他讲："良贾深藏若虚，君子盛德若愚。"即善于做生意的商人，总是隐藏其宝货，不让人轻易见到；而品德高尚的君子，往往外表却显得愚笨。

古人以为，做一个真正明智的人，察要有度，"好察非明，能察能不察之谓明"。何为"能不察"呢？就是在一群人中，自己洞察了事物的本质，而其他人偏偏又不愿把事实的真相说出来，那么自己最好就要装作不知，以免自己的智慧太过而遭不测。

这些无疑都是在告诫人们，过分炫耀自己的能力，将欲望或精力不加节制地滥用，是毫无益处的。

古训说得好："满招损，谦受益。"谦虚低调才是高明者应该具备的心态，更容易赢得人心。显露自己的聪明，就是自以为是的挑衅，明显地告诉他人你比他要好。俗话说"枪打出头鸟"，这实际是在自己头顶上悬了一把不知何时就会掉落的利剑，迟早会遭不测。

美国著名成功学家卡耐基曾经说过这样的话："如果你想赢得朋友，就让你的朋友感到他比你优越吧；如果你想赢得敌人，那就让你的朋友感到你比他优越吧。"

与人交往中，若想让他人放松对我们的紧张甚至警惕，保持亲近之感，就要把自己装扮起来，使他人一想到我们就与某种特定的形象联系在一起，从而忽略我们的真实形象，甚至巧妙而不露痕迹地在他人面前暴露一些无关痛痒的小缺点，出点小洋相，以表明自己并非是一个高高在上、十全十美的人，反而会增强我们自身的亲和力，让他人在与我们交往的过程中感到放松。

俗话说："真人不露相。"才智越高的人，学习越刻苦，见闻越广博，性情越谦虚；从不炫耀和显示自己，而会默默地寻求发展机会。在某种程度上说，别人不容易观察到我们，我们却比较容易观察到他人，再依此制订自己的计划。

相反，在他人面前显露小聪明，也许的确能换来一时的痛快和满足，但终究会落得个作茧自缚、引火烧身、自掘坟墓的下场。我们不妨来看看三国时期著名谋士杨修的经历和遭遇，所谓以史为鉴，这就足以让人感叹：耍小聪明的人最终让人怜之不足，鄙之有余。

杨氏家族为汉朝名门，祖先杨喜在汉高帝刘邦时期就封侯拜相，史书记载："自震（杨震）至彪（杨彪），四世太尉。"如此显赫的家世，只有四世三公的袁氏世家方可与之相媲美。

与风光无限的先祖相比，杨修的个人才华也毫不逊色。他才思敏捷、聪颖过人，在当时颇有名气。望族之后、满腹才华、深受赏识和重用，如此种种都助长了杨修自负、自夸人格的发展和深化，而最终给他带来了杀身之祸。

一次，曹操与杨修骑马同行，当路过曹娥碑时，他们见碑阴镌刻了"黄绢、幼妇、外孙、齑臼"8个字，曹操便问杨修是否理解这8个字的意思。

杨修正要回答，曹操说："你先别讲出来，容我想想。"

直到走过30里路以后，曹操说："我已明白那8个字的含义了，你说说你的理解，看我们是否所见略同。"

杨修说："绢，色丝也，并而为绝；幼妇，少女也，并而为妙；外孙为女儿的儿子，合而为好；齑臼乃受五辛之器，受旁辛字为辤（辤是辞的繁体字）。这8个字的含义是'绝妙好辞'四字，是对曹娥碑碑文的赞美。"

曹操惊叹道："尔之才思，敏吾三十里也。"

最后导致杀身之祸的导火索，还是"闻鸡肋而退兵"一事。曹操征平汉中时，连吃败仗。欲进兵，怕马超拒守；欲收兵，又恐蜀兵耻笑，心中犹豫不决。

正赶上侍从把刚熬好的鸡汤端给曹操，操见碗中鸡肋，沉思不语。这时有人入账,禀请夜间口令,操随口答:"鸡肋!"

杨修见令传鸡肋,便让随行军士收拾行装,准备归程。

将士们皆不解,何以得知魏王要回师。杨修说:"从今夜口令,便知魏王退兵之心已决。鸡肋者,食之无味,弃之可惜。今进不能胜,退恐人笑,在此无益,不如早归。魏王班师就在这几日,故早作准备,以免临行慌乱。"

曹操看到尚未颁布任何退兵命令,而全军上下早已一片班师回朝之势,不免恼怒,一问方知又是杨修所致。曹操早恨杨修才高于己,今见其又猜透了自己的心事,便以扰乱军心之罪,杀了杨修,死时杨修年仅 45 岁。

杨修若是大智慧者,即使对曹操退兵前的矛盾心态了如执掌、洞悉见底,也应心知肚明、守口如瓶;同时,作为跟随曹操多年的贴身谋士,对曹操生性多疑、暴戾凶残的性格应有充分而准确的了解。而杨修显然在这方面自以为是,认为曹操根本不会因此"小事"而取其项上人头。可杨修没有考虑到的是,在显其才、炫其能的同时,就等于贬低了曹操,从而丢了自己的性命,真可谓是"聪明反被聪明误"。

在现代社会中,我们也许尚不致因炫耀小聪明而引来杀身之祸,然而在熙来攘往的世界,如果轻易暴露自己的真相,不但表明我们自身的修行不够,有时还会自毁前程。"是金子总是要发光的",无论具有多么出众的才华,都切不可把自己看得太重而倍加炫耀。

人生就是这样,当志得意满时,不可趾高气扬、目空一切,否则可能会被当做靶子使。掩饰起自己的才华,不仅可以为我们赢得以往不曾有的好人缘,更重要的是为了有朝一日的一鸣惊人而积蓄能量。如此,等到时机成熟时,才能一举让自己脱颖而出。

这辈子
你该如何

第九章
你是操控金钱，还是沦为金钱的奴隶

在西方，金钱被看作是上帝抛给人类的一条狗，既可以逗人，又可以咬人。这足以说明金钱的两面性。是天使还是魔鬼，不在于拥有多少，而在于运用的方式。在当今"个人理财"日益被重视的时代，"财商"不再只是一个概念，它已经被越来越多的人认为是改变自己、实现成功人生的关键。简单地说，"财商"就是一个人控制、驾驭金钱的能力。

君子爱财，取之有道；用钱有节，集散有序。只要不陷于金钱的泥潭无法自拔，不被它夺走我们本应有的笑容和闲暇，就可以轻松地驾驭这个忠心耿耿的仆人，拥有本就美好的生活。

不做金钱的奴隶，够用就好

　　爱因斯坦一生只对科学和生活充满了兴趣，对钱财并不在意，视之为身外之物。他曾用一张大额的支票当做书签，结果不小心把那本书弄丢了。而爱因斯坦却付诸一笑，转身就忘记了。

　　若是换了葛朗台遇到这样的情况，想必早就捶胸顿足、寻死觅活了。葛朗台辛苦地赚取更多的钱财，但"只赚不花"的守财奴心理让他对自己的亲生女儿也无比吝啬。即使到生命的最后一刻，也因为看到多点了一根灯芯而示意家人熄灭。如此一生，真可以说是给金钱做了一辈子的奴隶。

　　老话所说的"知足常乐"，用于对待金钱上，就是说要懂得"够用就好"的道理。一把躺椅、一杯清茶、一本好书，某人就能知足常乐；住上别墅、开上跑车、搂着美人，某人却不乐；是从奴隶变成主人，还是从主人变成奴隶，全在于是否有知足的心态。

　　人们常说"欲壑难填"，一旦陷入对金钱无休止追逐的沟壑当中，就会使人们变得倍加贪婪。贪婪的欲望经常会控制人们的思想和行为，使人们在欲望面前不懂得适可而止，而且总认为自己的付出与获得不成正比，总是希望以最少的成本获得最大限度的回报。于是，为了满足自身的贪婪，为了求得心理上的平衡和满足，人们又会不停地索取、不停地追逐。

　　对金钱有过多的渴望也许从短期来看，的确会让人得到一些物质上的享受；但事实上，从长远的发展来看，最终得到的远比在人生意义上的失去要多得多。想来，人之所以活得疲累，不是因为使之快乐的条件还没有攒齐，而是想要拥有的东西太多，从而成为痛苦的奴隶。

　　有位商人，虽然在旁人眼里早已称得上是富甲一方，但他仍整天忙忙碌碌,不停地赚钱,仿佛这是他唯一的嗜好。

他有一位穷邻居,整日悠闲自在,不时会从那简陋的屋子里传出欢乐的琴声。

富翁对此感到很奇怪,也心生失落:自己这么有钱,居然还没有这个穷小子活得快乐。

他的一个仆人给他出了一个主意,放言让他的穷邻居不快乐的办法倒也容易:只要给这个穷邻居10万块钱,保证他从此再也弹不出这么欢乐的琴声了。

富翁随即答应,当天晚上就把10万块钱送给了他的穷邻居,还特别强调这钱随他任意支配,并留下了字据为证。

穷邻居意外地得到如此一大笔钱,欣喜若狂,简直不敢相信这会是真的。这位富翁的富有是远近闻名的,他知道这富翁很有钱,但自己与他非亲非故,平时几乎都没有往来,富翁为什么会突然白送给他这么多钱?莫非有何诡计?但他转念一想,他既然留下了字据,又不像是在存心捉弄。莫非那些钱是假的?他又把钱拿到银行去验钞,全部是真的。这让穷邻居更加困惑了。

这一夜,他失眠了,脑子里翻来覆去地在想着这些问题:这钱该放在什么地方,存银行吗?目前利息太低,存了不划算;拿去投资?没经验,亏了可惜,要是以前多看点儿投资指南一类的书就好了!要不就先买房买车?这似乎也不太好,全买了,手上就又没钱了。就这样,一直思来想去到天亮也没想出一个好办法。

第二天,穷邻居不再像以往那样出去干活,而是守在家里,唯恐钱被人偷了。

第三天,他决定去一家平时想去又不敢进去的大商场,买些好东西来享受一番。但就在他挑选商品时,一个店员却像防贼一样一直注视着他。原来,他以前也不时来这家商店,只不过每次都只是逛逛而从不买东西,即使买也仅挑些减价处理的货物。

当他发觉店员用怀疑的目光注视着自己时，原来愉快的心情一扫而光。他匆匆付了款就离开了商场。回到家中，仍然怒气未消。当他看到屋子角落里摆放的琴，就再没心情去弹了。

其实，生活原本也没有许多烦恼，为何人们会想起快乐时往往都容易提起童年？孩子们从来都只有单一而纯粹的要求，而不带更多的"附加值"。对于一个喜欢零食的孩子来说，一座金山也不如一包糖果能令他快乐；对于一个喜欢在野外玩耍的孩子而言，一团可以变幻出各种形状的黏土胜过满屋子的高级玩具。

拥有多少，到底有什么标准呢？正所谓"良田万顷，日食几何？华厦千间，夜眠几尺？"有钱人名下千金万土，但日夜畏惧、心难安稳；石崇生前万般积聚、富可敌国，但最后却落得个死无葬身之地的下场。读书人知足常乐，以天下为己任，心怀众生，如颜回："一箪食，一瓢饮，居陋巷，人不堪其忧，回也不改其乐。"

最朴素的道理告诉我们：对于金钱，有用比拥有更有价值。所谓拥"有"，是有限有量；所谓空"无"，是无穷无尽。只要能满足人们最初的物质要求，够用了，便要知道适可而止。如此，我们才能游刃有余地操控金钱，不被物欲所役，从奴隶的沦陷中解脱出来。

舍得蝇头小利，赢取操控大权

当商场有免费赠品时，有人不惜凌晨等待，就为了一个枕套或一双免费袜子。这时，如果，他们去睡一个好觉，那白天他们工作创造的价值远比这多！可为什么他们还会这么做？

以前，看过一篇文章，讲的是富兰克林小时候用很多的压岁钱换了个哨子，事后才知道，自己给的钱远比那哨子的价格多得多！

一些不顾人格尊严去尽占小便宜，并以"人穷志短"为名自我解嘲的人毕竟是极少数，但由此带来的负面影响却足以让我们正色。如果我们放任自己去占小便宜，不遵守"游戏规则"，就会拖累整个机制的运转，损坏某种公平与信任，从而也给自己设置了种种障碍。

贫穷并不可怕，可怕的是贪蝇头小利的志短。不富裕可以通过努力工作来改变，而贪图小便宜，却会永远失去操控金钱的机会，反而更加贫穷。

生活中存在着许多舍得与选择，俗话讲：舍得，舍得，不舍不得。舍什么得什么，往往在选择之间便成就了大改变。只有真正懂得"舍"，才能体会"失之东隅，收之桑榆"的其谛。

有一舍，必有一得。不要孤立地看待"舍"、"得"，"舍"可能会给我们带来烦恼甚至困顿，焉知这不是"舍"给予我们的考验与磨炼，正足以明眼聪耳、强筋壮骨，使我们有能力获取到更多的"得"。

有时候，如果我们舍得一些利益或者其他的东西，反而可以得到更多。舍得蝇头小利，在失去的同时也将得到别样的收获。被日本人称为"电影皇帝"的坪内寿夫，就是凭借着让他人感到自己可以付出更多利益而发家的。

第二次世界大战之后，日本陷入了贫困的深渊，人们的温饱问题已成为头等大事。而刚从战俘营里被释放出来的坪内寿夫，也只得跟着父亲经营一家很小的电影院。可是，那时的日本国民哪里还有看电影的心情？因此，小影院的上座率很低，一家人的生计都很难维持。

怎样让观众来看电影，这是坪内寿夫天天都在反复思考的问题。他终于想出了一个好办法：一场电影放两部片子。当时所有的电影院都是一场电影放一部片子，而现在坪内寿夫的电影院放两部片子，观众觉得占了便宜，就连本来不想看电影的人也都纷至沓来。不长的时间，坪内寿夫的电影院就赚了一笔很可观的收入。

后来，随着日本经济的不断好转，文化事业也百废待兴。坪内寿夫对这一趋势发生了很大的兴趣，决定在此方面大干一番。他拿出了自己的全部资产修建了一座电影大厦。这座电影大厦有4个放射状的影厅，可以同时放映4部不一样的电影，影厅里用红、绿、橙、蓝4种颜色来区别。4个影厅只有一个人口和一个放映室。这样不仅减少了雇员，还给不同兴趣的观众提供了选择不同影片的机会。

为了吸引更多观众，他还在电影院里专门开设了咖啡店、冷饮店、快餐店等，并且在这座电影大厦里还有美观整洁的卫生设施。在当时的日本，这样的电影院是绝无仅有的，有不少观众不是为了看电影，而是为了来参观和欣赏这座电影大厦的设施和服务。

就这样，经过短短5年的奋斗，坪内寿夫就成为了当地赫赫有名的电影皇帝，拥有了上千万日元的资产。

坪内寿夫的成功妙处就在于：让顾客感到在他的电影院里可以享受到无尽的"便宜"，从而赢得了对金钱操控的大权。

古人云：鱼与熊掌不可兼得。做企业需要有耐心，不能急功近利。贪得芝麻，只能使企业失去长远发展的"西瓜"，甚至一步一步下滑直至亏损。在现代市场经济中，任何一个企业要想生存与发展，就必须要有长足的眼光，不被小利遮住眼，不断适应市场变化，选择恰当的企业发展战略和路径，才能创出独具一格的竞争力。

不仅从商如此，在人生的方方面面更应懂得操控与取舍。只有真正把握了舍与得的道理和尺度，才能真正掌控人生的钥匙和成功的法门。要知道，百年的人生，也不过就是一舍一得的重复。应该将这种领悟与精髓贯穿到生活中的每件事情当中。拥有大局眼光，不为眼前的蝇头小利所迷惑，才能赢取更好的机会，打开一片崭新的天地。

理一理财，金钱才会让你做主人

韩和倩，这两个女孩是极要好的大学室友，学习、工作等各个方面的成绩都差不多。毕业后，先后都找到了不错的工作，差不多的薪水。

几年后，韩有了车子，也买了房子；而倩则两手空空。

这恐怕也不难解释：上学时韩对花钱就极有计划，每月都有固定存款不说，还经常外出打工。4年下来，韩的生活过得十分丰富，而倩则没有任何节制，是标准的"月光族"。毕业后，荷包空空，存折空空。

我们所处的时代是一个经济时代，每个人的理想目标和生活水平往往都与财富有着千丝万缕的关系。受过多高的教育、将来有多高的收入，都不会和所拥有的财富有过于决定性的关系。所谓操控金钱，操是一种创富的操作，而同时还须要"控"，这就是人们常说的理财。

常言道："你不理财，财不理你。"所谓理财，简而言之就是管理财富，而这无外乎4个字：开源节流。我们可以分三个层次来理解：初级阶段先要培养财务规划的意识和目标，可以从坚持记账和控制消费支出等入手，学会对金钱进行合理分配和使用；中级阶段则通过对理财知识的学习来了解各类理财产品的特点，熟悉各种投资渠道，在一定的范围内进行模拟操作以积累经验；而高级阶段则是"小试牛刀"，适当进行投资，将理论知识应用于实践当中，从实践中掌握理财的规律和真谛。

其实，理财并不是一件十分困难的事情。良好的理财意识往往取决于我们对金钱的处理方式。大浪淘沙式的挥霍，或涓涓细流的节约显然是两种截然不同的理财习惯，带来的结果自然也就有着天壤之别。而节流往往是开源的基础，因此也就显得更为重要。

有这样一段发生在美国最大财团创始人洛克菲勒身上的有趣轶事，可以让我们看出，节俭不仅是一种美德，同时也是发家致富的一则良方。

相传，洛克菲勒初涉商界时步履维艰，他朝思暮想发财致富，却始终苦无良方。有一天晚上，他从报纸上看到一则出售发财秘诀书籍的广告，立即兴奋无比。第二天一大早，就急急忙忙去书店买了一本。付款后，他当时就迫不及待地打开一看，只见书内仅仅印有两个字："节俭。"这使他异常失望。

洛克菲勒回家后，思想十分混乱，几天夜不能眠。他反复考虑"秘诀"到底"秘"在哪里。起初，他认为书店和作者在欺骗他，书中只有如此简单的两个字，怎能把秘诀讲清楚！他甚至想指控他们在欺骗读者。

但他冷静下来后细细琢磨，越想越觉得此书说得有道理。确实，要想致富发财，除了节俭以外，其他方法似乎都不是长久之计。这时，他才恍然大悟。此后，他将每天应用的钱加紧节省储蓄，同时加倍努力工作，千方百计增加一些收入。

如此坚持了 5 年，他积存下 800 美元，然后将这笔钱用于经营煤油，终于成为美国屈指可数的大富豪。

世界上大多数富豪大都深谙节俭之道，他们知道，所谓理财，就是从规划和节省的基础做起。这不仅能让我们更深地体会到金钱的来之不易，同时也让我们学会怎样使财富积少成多。

实际上，理财就是一种对人生长期的规划。要想取得与以往不同的成效，首先要学会分辨必需与非必需的开支。编制预算,平日养成记录消费的良好习惯。这样我们就可以通过定期的规整和总结掌握自身的收支情况,检查花销的必要性。而这些一点一滴的日常细节,都将会对今后长久的发展起着看似潜在却十分重要的作用。

美国连锁商店大亨克里奇,旗下商店遍布美国数十个州的众多城市。但就是这样一个身价数以亿计的财商,午餐从来都是 1 美元左右。

还有,美国克德石油公司老板波尔·克德每年收入过亿美元,但他也是一位懂得"必需与非必需"开支的大富豪。一次他去参观狗展,在购票处看到一块牌子上写着:"5 时以后进入半价收费。"此时,已是 4 时 40 分。于是,克德在入口处等了足足 20 分钟后,才购得半价票入场。而节省下来的,仅仅是 25 美分。

身处市场经济的环境,不仅创富是一种能力,理财也是一种能力。创富是一种让自己从穷人变成富人的能力,强调一种结果;而理财则是从长远来看的合理化消费与投资,用钱生钱,强调一生的财富增值和积累,注重的是一种过程。

不管通过何种方法,只有培养了理财的观念,金钱才会"臣服"于你,我们才能成为它的主人,不会在日后被其所奴役。

是时候进补你的"财商"了

小品《不差钱》里的一句话:"钱是身外之物,人最痛苦的是什么,人死了,钱没有花完。"这番颇为风趣的话给人们留下了深刻的印象,也蕴涵了一定的理财观念。简而言之一句话:我们都不愿遭遇"人活着,钱没了"的尴尬。

在当今经济发展迅速的大时代中,"智商"已远远无法让人立足,还应当具有一定的"财商",即良好的理财习惯。哪怕衣食无忧,但不良的消费习惯也是阻碍成功的一大因素。增强"财商",通常都会对以后的生活产生巨大的影响。

"您觉得,现在购买哪一款产品最能赚钱?"

这是某银行理财中心的理财规划师们被咨询最多的一个问题。对此,有专家指出,随着各金融机构先后推出品种繁多的理财产品,一些在从前只有金融专业人士关注的基金、股票、A股、B股、H股等,如今也越来越成为老百姓感兴趣的话题。

这种现象的出现一方面是可喜的,说明现在人们的理财观念在日益加强。但另一方面也说明,至今还有相当一部分人的"财商"亟待进补。他们大都认为,只要能赚钱的投资就是在理财,根本没有弄清楚理财和投资的概念。

投资当然是理财的重要内容,但理财和投资根本是两个不同的概念,投资只是理财的一个方面。理财不是投资,更不是投机。也许并不是每个人都会作投资,但是对于每一个人来说都应该理财。

如果把理财比做旅行的话,则需要首先明确我们现在在哪里(目前的经济状况)、要到哪里去(将来的理财目标)、如何到达目的地(实现目标的手段和步骤)。而投资只是一种战略的运用,是对回报的追求并承受一定风险,常常以利益最大化为最终目标。投资只是理财规划的具体执行,仅仅是理财的一部分而已。

以下是从某高校经济学讲义中摘录、总结出的投资与理财的区别,可以让我们更好地理解两者的具体含义,对于改变旧有的金钱观有一定的参考和指导意义。

首先,从目标上来说,投资的目的一般是为了获得利润,将钱放在某一渠道或某些产品中增值、保值、超值,关注的是资金的流动性与收益率。理财则是让人们能够更合理地安排收入与支出,以达到平衡财务、保障生活的效果。它不是单纯地追求资产保值,更不是为了赚钱。

其次,在决策过程方面,设计投资决策主要依据的是对市场趋势的判断和把握,主要考虑市场收益率,很少考虑个人的其他需求。而规划理财方案时,主要考虑的因素更多的是个人方面,然后才是市场环境。

再次,在成效上,投资和理财也是有所不同的。一般来讲,投资的结果往往是在承受风险的同时获得一定收益,实现了资产的保值增值。理财则是在目前的资产和收入状况下,使我们未来的生活更加富有,生活更加有质量。

最后,两者的渠道范围更是大不一样。个人投资的主要渠道可以是金融市场上买卖的各种资产,比如存款、股票、基金等,以及在实物市场上的买卖和实业投资。而理财的内容则要丰富得多,包括个人及家庭收入与支出的方方面面。

理财是一个非常宽泛的概念,甚至可以说是一种战略,是指资产的最优配置,即要综合考虑不同投资者的资产负债情况、人生财务规划、风险偏好程度等多方面的因素,平衡收益率和风险,优化投资组合。理财注重的是资产的布局,通过各种资产的互补,以实现个人财务的平稳发展。简而言之,投资只是实现理财目标的一个手段而已,必须服从理财的大局;而理财则是一个对人生财富和生活状况的系统规划。

我们不应该再仅仅停留在考虑拿多少钱去投资的水平上了,更多的应是在人生全局的高度上去把握个人的财务规划。这样的"财商"才是能真正让我们"翻身农奴把歌唱"的必要条件,从而建造出"适合"自己的财富大厦。

瞄准市场，让自己的一元钱变成一百元

美国亚默尔肉类加工公司的老板菲利普·亚默尔，在一次平时阅读报纸时注意到这样一条不起眼的新闻：墨西哥发现了疑似牲畜瘟疫的病例。

亚默尔当即敏锐地感觉到该消息背后潜藏的巨大商机：如果墨西哥真的发生了瘟疫，那一定会从边境传到美国的加州和德州。那么整个美国的肉类供应肯定会紧张起来，肉价自然也会飞涨。经过调查核实，亚默尔迅速集中和筹措了大量资金，收购了肉牛和生猪，并马上运到离加州和德州较远的东部去饲养。

事实果然不出亚默尔所料，瘟疫在两三个星期内就从墨西哥扩散到美国西部的几个州。美国政府下令严禁从那里外运一切食品，对牲畜更是严格控制。如此一来，美国市场上的肉价随之暴涨。亚默尔因此而大赚了一笔。

商场如战场，商人能否及时洞察市场的需求变化，捕捉准确的市场信息，并根据所得信息及时调整经营方式以及产品本身，都决定着商人能否在市场中占据优势，掌握主动权。对于商人而言，商机是利润的来源。抓住商机便可赢得财富，反之则无法在商界立足。

市场永远以是动态发展的，因此产品永远会有空缺。能否有所改变，识别、捕捉商机的能力显然是十分重要的。一旦瞄准市场中的商机，便要毫不犹豫，果断出击，将商机转化为自己的利润资本。其中，更为关键的是潜在市场的开发，这决定了我们是操控金钱，还是被其所操控。

时至今日，阿里巴巴网站不仅已经有中文简体、中文繁体、英文站点，还有日文、韩文及德文等多种欧洲语言的当地站点，共拥有来自202个国家和地区的42万个商人会员，已成为目前全球最大的企业间电子商务网站。旗下的个人间电子商务网站淘宝网，也在短短两年的时间内超越易趣。

而让众人难以想象的是，这样一个成功网站的创始人马云，不仅没有一流高校的学历和一流企业的从业背景，甚至他本人竟连互联网技术都不懂。而他的成功，其中最重要的一点就是，善于寻找并勇于抓住市场的空缺。

1994年底，马云刚刚听说互联网时，似懂非懂，也并不重视。而来年去美国的一次公差，让马云发现了互联网的妙处，当即感觉互联网肯定会影响整个世界。那时国内对此几乎还无人问津，虽然自己不能肯定未来互联网在中国的发展如何，但他希望抓住这个市场的空缺，拼一把。

于是，马云作出了一个惊人的决定：离开外经贸部回到杭州重新创业。1995年4月，他创办了"中国黄页"，这是国内第一家网上中文商业信息站点。那时，互联网在国人眼中还是个神秘的事物，懂得网页制作的人更是少之又少。赚钱就显得异常容易：一个中英文对照的页面，2000字，加上一张照片，马云就收取了两万元。这样，在两年多的时间里，马云就赚到了500万元，赢得了人生第一桶金，也闯出了自己的名气。

1997年年底，马云带着"中国黄页"的6个新人，从杭州来到北京，加盟到外经贸部中国国际电子商务中心，运作该中心所属国富通信息技术发展有限公司。而后两年，马云到新加坡参加亚洲电子商务大会，发现讨论的是亚洲电子商务，但发言的大多是美国人。这让他决定创办一种针对亚洲电子商务市场，主要面对中小型企业的新模式，让这种崭新的模式在中国没有，美国也找不到——如此，市场一定大开。

经过异常艰苦的准备，阿里巴巴诞生了。与美国成功的电子商务网站雅虎、亚马逊、易趣都不同，阿里巴巴着眼于中小企业的网上交易。对此，马云解释道："美国当时的电子商务都针对大企业，大企业需要的是怎么帮它们省钱，这块市场已经趋于饱和。而中小型企业的思路是希望帮助它们赚钱，让它们通过我们的网络发财，这在当时国内无疑是个崭新的领域。"

如此看来，能否把控金钱、生出财富，关键在于洞悉市场的能力。管理学家希克曼和施乐尔在《创造卓越》一书中提出，要成为一个改变现状、创造未来，持久地享有竞争优势的管理者，必须具备多种技能，而位居第一位的就是洞察力。

若想与众不同，循规蹈矩、盲目地等待事物自行发展，或等待别人采取措施是不行的，必须积极主动地发现问题，探寻未知的事物。以批判的眼光，准确地观察并认识复杂多变的事物之间的相互关系，对外界环境的变化"提出正确的问题"，从而形成正确的竞争战略。

总而言之，我们只有第一个发现问题、第一个迎接难题、第一个勇于挑战，这样才能把握好现有以及潜在的市场，创造出不同寻常的致富机会。

虽然自己是员工，但要以老板的心态去工作

日本著名企业家井植薰曾说："对于一般的员工，我仅要求他们工作8个小时。也就是说，只要在上班时间内考虑工作就可以了。对于他们来说，下班之后跨出公司大门，爱干什么就可以干什么。但是，我又说，如果你只满足于这样的生活，思想上没有想干16个小时或者更多的念头，那么你这一辈子可能永远只能是一个一般的职工。否则，你就应当自觉地在上班以外的时间内多想想工作、多想想公司。"

有的人每天都早出晚归，但这并不一定就能完全检验出他对待工作是否认真；有的人每天都忙忙碌碌，但也不一定就能圆满完成任务。也就是说，每天按时打卡、准时出现在办公室里的人不一定就是尽职尽责的人，对于那些工作态度不太端正的人来说，每天的工作更像是一种负担、一种逃避，于是，当一天和尚撞一天钟，对工作总是敷衍了事。试想，这样的员工又怎么能赢得主管的信任？又怎么会有机会接受更大的挑战呢？

钢铁大王卡耐基在谈到给年轻人的忠告时，发自肺腑说："无论在什么地

方工作，都不应该只把自己看成是公司的一名员工，而应该把自己看成是公司的主人。"事业的成功取决于态度，往往，通过不断加强的责任心所培养出的能力远远比金钱重要得多。对每一个企业和老板而言，他们需要的决不是那种仅仅遵守纪律、循规蹈矩，却缺乏热情和责任感，不能够积极主动、自动自发工作的员工。

其实，老板与员工最大的区别就在于：自我的事和他人的事。对于工作，老板总是把它当做自己的事情，因此会像爱自己一样专注地去工作；而员工则将其视为老板的事，仅仅将做事情看作是一种谋生的手段而已。公司在他们的心中，无所谓恨，却也谈不上爱。

在这样两种不同心态的驱使下，他们的工作方式以及由此带来的效果显然也会截然不同。毫无疑问，老板会把自己全部的情感都倾注于任何有关公司生存与发展的事上，全力以赴、责无旁贷。他们收获的自然也是水到渠成的事业和富足的生活。而在员工的眼中，大都会以"职责"划分："不由我来负责"的事不干，8个小时以外的时间也不会干。最终他们所得到的，仅仅是通过一个赖以谋生的手段所"等价交换"的一份微薄工资。

从前，一位年轻的女孩给世界著名的成功学家拿破仑·希尔当助手，替他拆阅、分类以及回复他的大部分私人信件。当时，她的工作是听拿破仑·希尔口述，记录回信的内容。她的薪水和其他从事类似工作的人大致相同。

有一天，拿破仑·希尔口述了下面这句格言，并要求她用打字机打印出来："记住：你唯一的限制就是你自己脑海中所设立的那个限制。"

这句话给女孩留下了深刻的印象，就像她事后对拿破仑·希尔所说的那样："那句格言使我获得了一个想法，对我很有价值。"

从那以后，女孩的改变逐渐被周围的人所看出：每天，她开始在用完晚餐后回到办公室来，接着干一些不是她分内而且也没有报酬的工作。她开始把写好的回信送到拿破仑·希尔的办公桌上。

她已经研究过拿破仑·希尔的风格，因此将这些信回复得跟拿破仑·希尔自己写的几乎完全一样。她一直保持着这个习惯，直到拿破仑·希尔的私人秘书辞职为止。

这个女孩很快就被拿破仑·希尔想到来替补这位男秘书的空缺。实际上，在拿破仑·希尔还未正式给她这个职位之前，女孩已经主动地接收了这个职位。由于她在下班之后以及没有加班费的情况下，对自己加以训练，终于使她有资格担任拿破仑·希尔的秘书。

不仅如此，女孩高效的办事效率也引起了其他人的注意，有很多人都愿意为她提供更好的职位。她的薪水也多次得到提高，现在已是当初作为普通速记员时的 4 倍。她让自己变得对拿破仑·希尔极有价值，因此而一直成为他重要的助手。

作为员工，当我们能够以老板的心态尽职尽责地去工作时，许多事情就会有不一样的发展。以老板的心态对待工作，像老板一样把公司当成自己的公司，把工作当成自己的事业，那么就会从全局的角度来考虑日常所做的工作，确定这份工作在整个工作链中处于什么样的位置，从而找到最佳的方法；在"我是老板"这种心态的引导下，我们就不会再拒绝上司派来的额外工作，反倒认为这是表现自己工作能力、锻炼自己技能和毅力的一次机会。

如此，我们会因为有了这样的心态和努力而把工作做得更圆满、更出色，并成为公司里最优秀的员工，薪水也自然会得到提升，事业也会因在这一过程中所获得的知识和能力的提高而有所成就，人生将会因这一系列的改变而改变。

善于从生活中发现商机

20 世纪 20 年代，一个名叫鲁托的美国制瓶工人一天在和女友约会时，被其身上那条款式新颖的裙子所吸引。它使穿着者的腰部显得极具吸引力，因为那条裙子使膝盖上面的部分瞬间收得很窄。

由此，他联想到自己制作的饮料瓶子，想吸取裙子设计的优点，进而改进瓶子的设计。于是，鲁托借鉴了裙子线条的美感，一种带有裙子布料花纹且富有线条美的新型饮料瓶诞生了。这样的设计成果，不仅让瓶子看上去更加美观、别致、易握，而且瓶子上由于有了线条，让里面装有的饮料看起来也比实际的分量要多。

1923 年，鲁托将新瓶的专利卖给了可口可乐公司，并成功获利 600 万美元，这让他在一夜之间名利双收。

一次生活中常见的约会，因为不常见的留心，便成就了一番丰厚的收获。机遇往往只会降临到那些随时注意把握生活细节的人身上。俗话说：世上无难事，只怕有心人。鲁托就是这样的一位有心人，他从女友迷人的裙子上获得了为可口可乐公司设计瓶子的灵感，用新的理念和新的眼光细心地去观察、琢磨，从而占有了市场上的绝好商机。

在市场经济占主导地位的今天，有心人才有占不尽的市场、发不完的财。成功者的实践经验告诉我们，要想操控金钱，就必须多注意身边的一些细枝末节，也许商机就在我们平凡的生活中。

事实上，机遇是普遍而客观存在的，它并没有注定要被谁发现。善用头脑、善于观察的人在一般的生活细节中就可以发现许多机遇。如此看来，只要善于在极其平淡的生活中收集信息，从中发现商机，即使是一些原本不引人注目的事由，也能在不经意的"聊天"中创造出令人惊叹的奇迹。

1871 年,当时在南洋经商的张弼士先生被邀请参加一个在印尼雅加达法国领事馆举办的酒会。席间,宾主双方频频举杯,法兰西上等葡萄酒的醇香便回味在座椅之间,绵绵绕绕,让人不忍释杯。

张弼士也是懂酒之人,品评之余禁不住赞赏了几句。法国领事听后十分高兴,就讲出了一段往事。

在法国家乡时,他一直习惯于每天小酌几杯葡萄酒。但咸丰年间,他曾跟随英法联军进驻烟台,因无葡萄酒相伴,感觉生活倍加枯燥。正当懊恼不已时,一个偶然的机会让他在附近山上发现了大片的野生葡萄。于是,他就让士兵们上山把葡萄摘下来,再用特制的小型制酒机榨汁,然后酿造。结果,造好的葡萄酒别具特色,当场就有人畅饮后喊出:"烟台不让法兰西!"甚至有好多人打算在烟台自创公司,酿酒赚钱。只是后来因战事连连,不得不搁置了下来。

酒会散了,当时在场的人早把法国领事讲的这个故事抛到了九霄云外。然而,张弼士到底是个善于留心身边事物的听者。从酒会归来后,他就开始着手调查,后又经过周密的考察、筹备,不久张裕葡萄酒酿造公司终于在烟台挂牌营业。

100 多年过去了,今日张裕公司的营业额居然多达数十亿元,名列中国葡萄酒业榜首。烟台也因此致富发财,并被颇具权威的葡萄酒业"联合国"——国际葡萄酒局列为中国唯一的一座国际葡萄酒城。

对于一个成功者来说,机遇的捕捉十分重要。善于在生活中慧眼识别,可以让我们从此鹏程万里。法国领事的一句话,之所以能成为埋下张裕公司今天如此辉煌的伏笔,是得力于张弼士捕捉机遇的敏感以及他对机遇的执行能力。假如张弼士同旁人一样听完则罢,也就不会有张裕公司今天雄厚资产的创造了。

在现实生活中,只要多留心,商机便无处不在。拿破仑曾经说过:"谁掌握了信息,谁就掌握了未来。"这句话同样适用于商业领域。要想改变眼前的状况,不再被金钱所奴役,不仅需要努力,而且还要善于发现和把握一些在生活中不显眼的商机,对之有效地加以利用和发挥。

事实上,生活中铺天盖地的海量信息每时每刻都在向我们涌来,能否带来致富的机会,关键就在于我们是否注意到身边的小事,从看似琐碎的细节中洞察信息的价值。如果我们只是"两耳不闻窗外事",自然就不会在意身边发生的小事情,如此,又怎能准确把握生意场上的脉搏?只有时刻想着如何依靠身边随手可用的"细节资源",才能让我们有所突破。

冷门里的"钱途"要把握

19世纪中期,美国加利福尼亚州的淘金热让成千上万的民众趋之若鹜。其中,一个年仅17岁的少年看到当地气候干燥、水源奇缺,于是突发奇想,放弃了淘金,转而向这些淘金者兜售矿泉水。

大家都耻笑他太没出息,大老远地跑来卖水。可是,正是这个"傻子"却在很短的时间里赚取了6000美元,这在当时已经是一笔不小的财富了。而那些淘金的人却大都一无所获,很多人甚至还因此丢掉了性命。

这个独辟蹊径找"钱途"的少年,就是日后的美国巨富亚默尔。

这就充分说明了即使在"淘金热"的背景下,在卖水这一"冷门"里也潜藏着不可估量的"钱途"。

冷门挖金,就是人弃我取。可见,所谓冷门热门,并非一成不变,而是时刻处于转化之中的。物以稀为贵,是操控还是被操控,全在于看问题的角度和把握的力度。

成大事者往往能敏锐地发现人们还没有注意到或未曾予以重视的某个领域中的冷门,从而采取相应措施,对其有效地加以利用,以最终获得某种成果。

正如宋代政治家王安石在一篇游记中感慨"险亦远，则至者少"，"钱途"也是这个道理，境界高了，能够企及的人也就少了。

凡是有眼光的人对市场行情的"冷"和"热"往往都有独到的见解，因而能够出人意料地"突然成功"。实际上，商情的"冷"和"热"只是暂时的、相对的，随着大环境的变化，两者可以逆向转化。从近年来出现的地产热、服装热、炒股热中，我们不难得到启示：要想不沦为金钱的奴隶，就要在"冷期"早行动，日后才能有"热门"的收获；在不被人注意的"冷门"之中，往往蕴涵着"烫手"的大机会。

成功的企业家善于把握大机会的蛛丝马迹，而一旦认准冷门中潜藏的机遇，就能耐得住寂寞，放下长线去准备钓上大鱼来。

商界女杰吕有珍刚刚接任运通公司总经理的职务后不久，就在抓大机会方面露了一手，显示了她超群的决策能力，大大巩固了她的总经理位置。

1992年，吕有珍在经过仔细、周密的调查研究后发现，随着改革开放的深入和扩大，广州的发展逐步趋于相对饱和，扩展业务势在必行。当时的房地产商都把资金、技术全部投向广州南面的珠江三角洲，使之成为投资热点。与此对照，广州城北的小县城花县却显得冷冷清清、无人问津，没有人愿意把资金投向那里。

经过冷静思考后，吕有珍把扩展广州的理想区域认定在地处北面的花县。她坚信花县终有一天会成为热点，大机遇即将来临，机不可失。在董事会上，吕有珍把"天机"告诉了大家。

然而，就像吕有珍事先料想的一样，大多数董事都没有看出形势发展的趋势，多数人持反对意见。最后，吕有珍力排众议，毅然拍板定夺，购置了1200亩花县土地。她对董事们解释说："我们可以用这次购置的土地做些大项目，土地自然也就跟着升值。大家到时就能看出来了。"

真知灼见在刚刚萌芽的时候往往会受到多数人的误解，如果主张者没有勇气坚持和兑现自己的见解，或者只是随便谈谈，那他的见解永远只是一种看法,它的价值就无法得以体现。

时间是检验真理的唯一标准。虽然暂时说服了众人,但是多数董事们都在睁大眼睛、密切注视着这 1200 亩土地的动向。而吕有珍只有一个念头:要放长线钓大鱼,花县肯定有一天会火起来的。可是,这长线一放就是两年。在此期间,吕有珍承受的寂寞和压力是常人难以想象的。她也曾担心,这押上了大笔资金的 1200 亩土地,万一一直就这样沉寂下去怎么办?但吕有珍还是把所有的压力都自己担当了下来。

兑现的机会终于降临了。1994 年,花县改为花都市,国家决定在花都市建设中国最大的广州国际机场,建立京广铁路客运大站,建设花都港,修建南方最大的商贸场。陡然间,花都市地价猛涨几倍,运通公司全体员工一片欢腾。

欣喜之余,人们不禁想到早在两年前就准确预料到,并受了两年煎熬的总经理。是她,造就了这一切。

就是在这无人问津的冷门之中,吕有珍成功地抓住了一次大机会,率先使运通公司向前跨出了扬眉吐气的一大步。

我们从诸多成功企业家的身上可以看到:真正有所作为的人并不是一步一个脚印、按部就班地取得成功的,他们必然打破了原来的模式,这其中就包括了对固有的自我思维和性格的改变。

有时,抛弃所谓的"习惯",便会有不一样的目光和眼界,亦近亦远,在冷门与热门的转换中游刃有余。

自主创业，并不像想象的那么难

"有很多人抱怨创业难，因为没有资本、没有货源，也不懂做生意。拿我自己来说，我是一名大专毕业生，学的是数控机床专业，与电子商务这一块没有任何联系，我有什么创业资本？有！一台 200 元的二手电脑，以及我的年轻和毅力。我有货源吗？有！整个网络这么大，我就不信找不到一个项目。我懂做生意吗？不懂！只是在玩游戏的时候做过半职业的'商人'。不要见笑，但也正是由它引起了我对电子商务的兴趣。"

说这话的王强，一年前还是一名数控机床专业毕业的大专生；而现在，已经成为了网上小有名气的电子商务代销商。

时至今日，谈起自主创业，还是会有人认为那是"非常规"的路数，或不敢、或无方。这就像改变自我一样，在这个高速发展的时代中，求新求变往往又会给人带来一种极大的吸引力。可以说，改变本身就是一种"非常规"。所以，我们应首先在意识和心态上看清，自主创业，并非如想象中的那么举步维艰。

无论选择什么样的创业项目和方式，第一步要做的就是经营自己，就像上文中的小伙子一样进行创业学习。这并非是单纯地学习书本中的理论，而是要在工作中去实践，去学对创业有用、能够带来财富的知识。

要知道，即使没有什么资金，我们还有自己的头脑和时间，这是每一个人都拥有的平等"资本"。在一定时间内创造并把握住创业机会，付诸行动直至取得成果，这对于所有人来说都是可以实践的。

甚至我们可以说，一无所有也根本不是创业的障碍，白手起家的实例比比皆是。关键是我们是否有理想和头脑，以及坚持理想的精神和信心。

"如果你是一株小草，人们不会因为你被踩了而怜悯你，因为人们根本就不会留意到你,所以我要做一棵参天大树。"这是刚刚毕业的大学生贺靖的座右铭。在《2009 中国大学生创业富豪榜》上,他以 30 万元资产跻身于全国百强。这个从卖 5 个 U 盘开始,一步步地把公司做成"云南校园第一品牌"的年轻人,不断给自己规划出新的目标:3 年内解决 100 人就业,带动一万名学生创业。

刚上大学时,除了父母卖掉房子凑来的一万多元学费外,贺靖再无分文。想到了 4 年后就业形势的严峻,他当时就立下目标:在大学期间一定要努力拥有一个属于自己的平台,这样才能在同等条件下比别人有更多的机会。

贺靖在读大三的时候,担任了学生会主席,这也算是有了一个"属于自己的平台"。2008 年 3 月,西南林学院举办了首届大学生创业大赛,这也让贺靖真正地走向了创业之路。借助自己在学生会锻炼的经验,贺靖联合了平时一起做事的几个同学开始写创业计划书,内容就是如何利用大学平台进行创业。

那时候,贺靖每天拿着计划书上门给各类商家介绍,向他们描绘合作前景。"只要你们能够给我们供货,我保证能够帮你们卖得很好,我至少可以用 10 种途径帮你去推销。"终于,有一个商家被贺靖的坚持所打动,给了他 5 个 U 盘让他去卖。为了卖出这 5 个 U 盘,贺靖和几个同学摆起了地摊。"拿货的价格是 50 元,市场价是 90 元。"贺靖清楚地记得,当时他们定这 5 个 U 盘的"销售价格"是 70 元。

由于 U 盘的价格比市场价便宜,再加上同学之间的信任,5 个 U 盘很快就脱手了。拿着自己赚到的 100 元钱,贺靖又进了更多的货,并开始向自己班上及学院里的同学推销。因为价格便宜,很多学生都纷纷选择从他那里买货,有些班级甚至开始了团购。

一个月之后,贺靖的名字在整个数码城传开了,不少商家纷纷给他供货,而贺靖也淘到了"职业生涯"的第一桶金。

再高明的金融专家也不可能立刻让人发家致富,我们要做的,就是根据现有的时间资本紧紧围绕创业目标,有计划、有步骤地去运作。对于每个人来说,浑身上下最大的核心动力其实就是大脑。套用那句俗语所说：创业不是靠脖子以下的部分，而是靠脖子以上的部分。要用头脑去思考我们的创业方向、项目、措施等问题。

英国著名的哲学家狄更斯在表述英国产业革命初期的时候讲过这样一句话："我们正处在严寒的冬天，同时也处在充满生机的春天，我们面前一无所有，我们面前什么都有。"这段话形容的场景，与两手空空而又充满创业志气的人面临的局面是一样的。

万事虽难终有起点，只要有足够想改变的冲动加上努力和坚持，就一定可以闯出属于自己的一片天空。

健康投资，是一切的基础

某报告厅中座无虚席，台上站的是业界著名的主任医师。只见他在黑板上写下了一个数字10000000，然后转身看着台下成百上千的听众。

一阵面面相觑后，医师从右向左逐个指着每一个"0"解释道："这是金钱，这是事业，这是亲人，这是快乐，这是名车，这是豪宅，这是地位。"

最后，他指着那个"1"说："这是健康。如果没有健康，这个数字的全部意义就完全消失了，因为其他的全是零。"

主任医师最后提醒大家："健康是人在世上维持正常生命的物质基础，皮之不存，毛将焉附。无论在东方还是西方，健康都是人最宝贵的资产，是人们最根本的利益；关爱健康是付出最小、回报最大的投资；保持健康实际上就是不断减慢衰老的过程。"

耶稣曾经说过这样一句话："即便你赢得了全世界，如果赔上了自己的生命，那又有什么意义？"的确，如果不珍爱自己的身体，我们靠什么去生活呢？我们不能想象屋子塌下来之后的情形,可是,即便屋子真的塌下来了,我们依然还能够搬到别处去住。然而,一旦自己的身体垮了,我们也得搬走,不过不是搬家、搬到别处去住,而是搬到另外一个世界去。

时至今日,还有许多年轻人认为,年轻力壮时就该忙点儿、累点儿地努力工作,他们很少关注自己的身体状况。但小病经常化、大病年轻化的种种趋势,已让人们一次又一次地得到警示:健康,是我们人生最宝贵的资产,也是最根本的利益,应要重点去经营。据专家介绍,人在 20 岁左右,衰老的过程就已经开始;以后每经过 10 年,身体的新陈代谢率就减慢 2%,肌肉强度和肺功能也开始下降。到 70 岁时,身体的所有功能都将下降到 20 岁时的 1/3。所以,如果不注意健康投资,等到身体有所感觉时,大都已经不能扭转衰老的进程了。

健康投资是指投入资源获取健康收益,而健康收益就是减慢衰老的过程。那些才华横溢的企业高管和知识分子的英年早逝就充分说明了:如果一个人不重视健康管理,那么他将会在"不该离开"的年龄去世。

2003 年 12 月 30 日凌晨,一朵芬芳的"女人花"彻底凋零:香港影视歌三栖巨星、歌坛天后梅艳芳因宫颈癌辞世,年仅 40 岁。而此前,中国著名演员、金鸡百花影后李媛媛也因患宫颈癌在北京病逝,享年 41 岁。

2009 年 5 月,又一个才华横溢的演员丁霄汉因为突发心脏病,永远地离开了我们,年仅 42 岁的他不知令多少人扼腕。事实上,丁霄汉早已不是第一个因为健康原因而英年早逝的演员,在他之前的傅彪因为肝癌,42 岁离世;李钰因淋巴癌,34 岁就离开了;而 37 岁的叶凡和 34 岁的歌手阿桑,都被乳腺癌夺去了年轻的生命……他们都是在演艺事业如日中天的大好年华时,一个个遗憾地离去。

反观这几年,演艺圈因为健康原因去世的人越来越趋向于年轻化,这不得不引起人们的注意,更值得那些没日没夜赶场拍戏的演员们注意。关注自身健康如今也是演艺界人士最注重的话题,对此,某演员还特别呼吁,应该在剧组配备医生。

"生命诚可贵,爱情价更高。若无健康在,两者皆虚飘。"没有对健康的良好管理,那么再多的金钱都将变得毫无意义。钱为人服务,还是人为钱服务,这是一个问题,一个众人皆知却仍须时时自省的问题。

关注健康就需要关注"健康信息、健康食品、健康心态和健康选择"。投资健康是为获得医疗保健知识、预防疾病、保持健康体魄的付出,如同经营活动一样,投资健康的关键在于观念的更新、方法的适用,其精髓便是"健康在我心中"。这样才能够更好地维持健康,提高我们的生命质量。如果仅仅依靠专家,或是过分依赖保健品是远远不够的。若真想让自己拥有健康,只能靠自己,也只有靠自己。

健康是一个不能透支的户头,只有不断追加投资,才能保证它不会"破产"。事实上,健康是可以经营的,老板就是自己。世界卫生组织宣称,影响健康的因素中,自我保健占60%的比重。

在进行健康投资之前,一定要先对自身健康有个基本的评价,并了解健康负债的危险因素,然后再依据自身的年龄、性别,为自己准备一个最适宜的健康投资。我们要做到对自己的健康资产心中有数,了解各种健康负债危险因素。不同年龄、性别的人群,健康投资的重点也应有所不同。要知道有很多人并不是因为疾病而死亡,而是死于无知。只有清楚自己需要什么并有的放矢地进行健康投资,找到适合自己的个性化健康信息,才能有效地"补水"。

金钱只是身外之物,地位与荣誉也并非永恒,唯一属于我们自己的只有健康。无知是谋杀健康的凶手,无备是危害健康的隐患。只有把"1"这个排头兵带好,后面无数个"0"的队伍才会整齐有序。

第十章
你是算计风险，还是逃避机会

古语有言："世之奇伟、瑰怪、非常之观，常在于险远。"而若要抵达险远之地，所冒风险就会相对增加——但同时，成功的机遇也就成倍地增大。

在这个变幻莫测的世界上，没有一条万无一失的成功之路。若只是故步自封，拘泥于比较和算计中，就如同井底之蛙。只有那些不满足现状、勇于挑战自我的人，才会开拓出一片新奇的土地；同时，收获到意想不到的机遇。

训练自己的眼光，不放过任何一个改变的机会

这是来自两个不同鞋厂的推销员出外考察后给公司总部发回的电报：

"很遗憾，这里的人都没有穿鞋的习惯，恐怕明天我就要搭乘头班飞机回去了。"

"棒极了！这里的人都还没有穿上鞋子，市场潜力很大，我将常驻此地。"

面对同样的情况，前者将其放弃，后者将其视为机遇。可见，缺乏机敏眼光的人，即使机遇明摆在面前也熟视无睹；而具有独到眼光的人，就连他人不易看到的机会也能发现。

艺术家罗丹有句名言："生活中并不是缺少美，而是缺少发现美的眼睛。"同样，生活中并不缺少机遇，而是缺少发现机遇、抓住机遇的眼光。如果训练有素，即使生活中没有机遇，也能通过自身的改变来创造机遇。

首先，机遇一旦出现，我们切不可以一种未经认真思考的肤浅，或似是而非的解释便将它忽略过去。这样漫不经心的态度势必不会带来崭新的局面。很多机遇蕴藏着的重要价值都不是能够一眼看穿的，而必须从各个角度去多加思考。

善于捕捉机遇，就要不断训练自己的眼光，有意识地关注各种意外现象和例外现象。机遇为人们提供的可能获得某种成果的有关线索，有明显隐蔽、虚假黑白之分，有的似是而非，有的似非而是。这就需要我们认真检视每一条有关线索，逐一审视和筛选，根据线索的重要性而加以区别对待。如此培养出的眼光，才不会把重要的价值漏掉，才会及时发现并抓住每一次改变自我的机遇。

许多科学家总结出了一些观察事物的原则，也许能给我们些许参考：一方面要把熟悉的事物看成是陌生的，要用新观点去解释它；另一方面又要把陌生

的事物看成是熟悉的,用已有的尺度去衡量它。那些处处留心观察,有着深邃洞察力并勤于钻研的人,无一不是符合这样原则的人。

全球最大的网络书店亚马逊的创办人杰夫·贝佐斯,曾就读于美国普林斯顿大学的电子工程与计算机科学系。那时,他便对电子计算机抱有浓厚的兴趣和远大的抱负。正如他自己所说:"我已经陷入计算机之中不能自拔,正期待着某些革命性的突破。"

果然,在工作后不久,贝佐斯便成为了华尔街一家投资基金公司的副总裁,负责网络科技公司投资方面的业务。但他并没有满足于前人已开发出的业务局面,凭借个人敏锐的眼光,以及对IT事业的发展动态、趋势和远景日益深刻的了解与思考,贝佐斯作出了这样大胆的预测:越来越多的上网者或许会希望有朝一日在互联网上了解到图书信息后,只要点一下鼠标,便能通过网络及时购买,以免去亲自跑到书店查找所需图书的麻烦。要知道,对于时间和开支双向的节约,没有人是不愿意的。

这样的预测让贝佐斯设想,如果开创一家属于自己的网络图书公司,在规模尚小的初级阶段可以极大地缩减成本,既无须建立庞大的销售人员队伍,又不必购置或租赁面积巨大的库房和经营场地。这正符合他本人既想早日自主创业,又缺乏巨额资金的实际情况。

基于反复考虑和论证,贝佐斯决心抓住互联网高速发展所带来的这一机会,立即采取行动。1994年,他出乎所有人的意料,毅然辞去副总裁职务,于一年后在美国西雅图的一间车库里办起了网上图书销售公司。借用世界上河水流量最大的亚马逊河的名称,他将公司命名为亚马逊。

亚马逊一经成立,网站点击量骤增,而贝佐斯凭借其对网络购物事业发展前景的远见,进一步开拓和推进了公司的业务,不仅限于出售图书,还逐步扩大为充当网上顾客的顾问和秘书,以求更多更好地为世界各国的广大客户服务。

事实证明，尽管后来美国以及其他国家也先后建起了不少网络书店，但亚马逊公司因其独占到的先机，仍雄踞领先地位，已远非其他网络图书公司在短时期内所能企及的了。

贝佐斯的成功无疑向人们证明了：只有具备深邃的洞察力才能"迎接"到机遇。无论是市场当前的需要，还是未来潜在的需要，贝佐斯都能看清，这正是他取得成功的关键所在。

人们常说要果断抓住机遇，才能有改变的可能，而抓住的前提是必须能够发现机遇。生活中处处充满机遇，社会上的每一项活动、报刊上的每一篇文章、人际中的每一次交往、生活中的每一次转折、工作上的每一次得失，等等，都可能成为给我们带来新的感受、新的信息、新的朋友的一次选择和一次机遇。而这就是改变自己，引导我们走向成功的大门。

幸运之神的降临，往往只是因为你多看了一眼

农场主悬赏让众人在杂物如山的一个大仓库里找寻一只名贵的金表。虽然有很多人纷纷响应，但如同大海捞针般，直到太阳下山也没有人找得到。有人抱怨金表太小，有人抱怨仓库太大，都先后放弃了重金的诱惑。

只有一个小男孩，在众人离开后仍不死心，继续在仓库里寻找。在即将绝望的时候，他又一次翻了一下稻草垛，向杂草丛生的方向多看了一眼。忽然，他仿佛听见了一个奇特的声音在"滴答、滴答"地不停响着。

最终，小男孩找到了那块金表，也因此拿到了那巨额的赏金。

能够找到仓库内的金表是幸运的，但实际上它一直就安然于那个角落。

幸运之神是一个美丽而性情古怪的"天使"，她会偶尔降临在我们身边。她的高傲迫使所有的人必须保有足够积极的尊敬，若是稍有冷淡，她便将悄然而

去,不管你怎样扼腕叹息也不再复返。

巴尔扎克说过这样一句话:"显赫的声名总是由无数的机缘凑成的,机缘的变化极其迅速,从来没有两个人走同样的路子成功的。"但这并不是说幸运的机缘有多么吝啬;只要我们执著地寻找、冷静地思考,在最后的关头"多看一眼",就一定会听到那清晰的滴答声。

瑞士发明家乔治·德·曼斯塔尔一直想发明一种能够轻易扣住,又能方便脱开尼龙扣,但是几经实验,都没有显著的成果。

1948年的一天,他带着狗去郊外打猎。当从牛蒡草丛边经过时,狗毛和曼斯塔尔的毛料裤上都粘上了许多刺果。这引起了曼斯塔尔的极大兴趣。

回到家里,曼斯塔尔立即用显微镜仔细观察粘在狗毛和裤子上的刺果,进而发现刺果上有千百个细小的钩刺勾住了毛呢料子和狗毛。

这使他顿然得到了灵感:如果用刺果做扣件,真是再好不过了。受此启发,他发明了以一丛细小的钩子啮合另一丛小圈环的新型扣件——凡尔克罗,这是一种能轻易扣住的尼龙扣,同时,脱开时又非常方便。而且不易生锈,小巧轻便,还可以用水洗。

从此以后,这种尼龙扣广泛应用于包括服装、窗帘、椅套、医疗器材、飞机和汽车制造业在内的各个领域,宇航员们在失重的状态下,依靠它就能将食品袋扣在舱壁上;而在鞋底上装上凡尔克罗,他们的鞋子便能附着在飞船舱里的地板上而不致到处乱飞。

曼斯塔尔因此获得了接连不断的声誉,无论是在物质生活上还是精神理想上,都成就了他一生的辉煌。

刺果钩附在动物身体上,这本来是牛蒡草生存和繁衍的"聪明"表现:刺果的这种特性可以使牛蒡草的种子随动物的活动播撒得更远。然而,有太多的人对大自然赋予牛蒡草的这种"聪明"视而不见,唯独被认真的曼斯塔尔发现并利用其造福人类。就是因为曼斯塔尔在显微镜下的"多看一眼",便从此改变了科学进步的历史。

幸运也好,机遇也罢,我们切不可抱着漫不经心的态度,以一种未经认真思考的态度而肤浅地进行解释。很多机遇蕴涵着的重要价值都不是能够一眼望穿的,必须从各个角度多加观察。无独有偶,青霉素的发明也是医学家比一般人留心观察的结果。

1928年,英国医学家弗莱明开始研究能置人于死地的葡萄球菌。为此,弗莱明就要经常培养细菌。

一直以来,培养细菌所用的瓶瓶罐罐总是用泥土来封口,这一早被业界认同的现象从未被人注意过。一次,弗莱明在观察培养出的细菌时,忽然发现在离封泥较远的地方,细菌繁殖得异常迅速;但在靠近封泥的瓶口附近,葡萄球菌却被融化成露水一样的液体。

起初,弗莱明也没有过多地在意这一现象。但随着他一次又一次地观察后发现的类似情况,弗莱明陷入了沉思:"这是为什么呢?一定是有一种奇特的东西,把毒性强烈的葡萄球菌制服了、消灭了。"

于是,弗莱明对封口的泥土进行了化验和提炼,加倍仔细地观察、分析。终于,一种能够消灭病菌的药剂——青霉素被发现了。从此,人类医疗事业翻开了新的一页。

当有人问及弗莱明是怎么发现青霉素时,他谦逊地说:"我唯一的功劳只是没有忘记再多观察一下。"

一个人能否成功,固然要靠天赋和勤奋的努力,但同时还要善于把握机遇。这种善于便是,比他人再"多看一眼",不放过任何一个可能。

人的一生无不充满着使命运发生转机的戏剧性情节,所有的幸运看似偶然,实则都是历史发展长河中的必然。而能否让改变真正发生,最为重要的因素之一便是要有一种对机遇深邃的洞察力。往往,多看一眼之后,也许就有了质的改变。

没有茧中的蛰伏,哪来羽化成蝶的美丽

一个非常喜欢动物的小男孩,很想知道蛹是如何破茧成蝶的。一次,他终于在草丛中发现了一只蛹,便带回了家,日日观察。

几天以后,蛹出现了一道裂痕,里面的蝴蝶开始挣扎,想抓破蛹壳飞出去。艰辛的过程达数小时之久,蝴蝶仍辛苦地执拗于蛹壳里,那对翅膀怎么也无法破茧而出。

小男孩不忍心看着蝴蝶如此痛苦,便找来了剪刀将蛹壳剪开,帮助里面的小蝴蝶破蛹而出。但让小男孩万万没有想到的是,那只小蝴蝶从蛹壳里毫不费力地出来后,因为没有经过破茧而出的锻炼,翅膀的力量太薄弱,以致根本飞不起来,不久便痛苦地死去了。

破茧成蝶的过程原本就非常痛苦,然而同时,只有经历了这一艰辛的过程,才能换来日后的翩翩起舞。外力的帮助反而让爱变成了害,最终让蝴蝶悲惨地死去。算计于眼前痛苦和风险的同时,也就等于放弃了日后所有可能有所成就的机会。

尼采说:所谓超人,就是能够“在必要的情况下忍受一切,而且还要喜爱这种状况”的人。有时,蛰伏是一种蓄势待发的等待。每个人的一生中都难免会遇到各种不同的风险甚至逆境,懂得抱头藏尾蛰伏的人,并非逃避风险和困局,而是审时度势、藏器于身。待到有朝一日亮剑时,便能君临天下。

三国初期,刘备归附曹操后,每日在许昌的府邸种菜,以为韬晦。用张飞这个粗人的话讲,就是“行小人事”。只有曹操多少能识辨出刘备的用心,于是便有了“青梅煮酒论英雄”的故事千古流传。

面对曹操“当今世上谁堪英雄”的发问,刘备故意“示弱”,先后以袁术、刘表、刘璋、孙策等人回答。只是都得到了曹操不满的摇头。继而,又搬出在当时虎踞一方的刘表,却仍未说中曹操心意。

显然，对曹操的试探之意，刘备早就心知肚明。他深知自己当时的能量尚处在养精蓄锐之态，无法逞大丈夫之英豪，故而最后只得装痴询问："谁能当之？"

而当曹操指出："今天下英雄，唯使君与操耳！"时，刘备又借雷声大作而佯装惊吓，用"圣人迅雷风烈必变，安得不畏？"将内心的惊惶巧妙地掩饰过去。

从那以后的一段时间内，曹操认为刘备不过是一个有着妇人之仁的"小辈"，成不了什么气候，也因此放松了对他的警戒之心。

当曹操高谈阔论、眉飞色舞、肆无忌惮地抒发英雄气概之时，刘备却能忍辱负重。这般忍辱对于一个英雄来说，需要何等的气魄！由此也证明了一句话：蛰伏是为了雄飞，而非隐退；沉默是为了雄辩，而非噤声；忍辱是为了雪耻，而非饮恨。

《麦田里的守望者》里有一句话是这样说的："一个不成熟男子的标志是他愿意为某种事业英勇地死去，一个成熟男子的标志却是他愿意为某种事业卑贱地活着！"刘备就用他那特有的执著坚韧、韬光养晦、不露锋芒给予了"成熟"以最完美的诠释。

法国著名生物学家巴斯德有一句名言："机遇只偏爱那种有准备的头脑。"的确，没有付出大量的汗水，再好的条件也展现不出羽化成蝶的美丽。

在第28届雅典奥运会男子50米步枪的比赛中，我国选手贾占波在最后一发射击前，落后美国选手埃蒙斯3分多，所有人都以为金牌将落入美国人手中。然而意想不到的事情发生了，这位美国选手将最后一发子弹打到了相邻的靶位，他的最后一环成绩为零环，我国选手贾占波幸运地摘得了这枚金牌。

许多人都说贾占波很幸运。但参赛的选手有很多，为什么只有他等到了幸运?试想,如果没有数年如一日的刻苦训练,如果没有贾占波在比赛中一枪一枪从而确保第二的拼争,就算机会来了,金牌也仍然会落在别人手里。许多人终其一生都在等待一个足以令他成功的机遇,而事实上,机遇无所不在,重要的是当机遇出现时,我们是否已经准备好了。

可见,那些在茧中蛰伏蜷缩的人,内心却在局势和韬略间架起了桥梁。在坦然接受和及时思考中等待并寻找机遇,一旦破茧,必将展现出最美丽的羽翅。

果断抓住稍纵即逝的机遇

一个年轻人懒洋洋地躺在草垛上晒着太阳,名曰等待机遇。

后来,一个怪物似的东西来到他身边,却被年轻人不耐烦地轰走了。

这时,一位长髯老人才告诉年轻人:"这就是机遇呀!它的秘密就在于不可捉摸性。专心等待时,它可能迟迟不来;不留心时,却可能悄无声息地来到你面前;见不着它时,你时时想;见着了,却又认不出来;若当它从面前走过时没有抓住,那么它将永不回头,使你永远错过!"

在瞬息万变的现代社会中,机遇常有,而能够把握住机遇的人却不常有。有的人因为恰当地抓住了机遇一跃而上,踏上了成功的天桥;有的人却因为一叶障目,错失了在眼前晃动的机遇,一生碌碌而为。

所谓机遇,实际上就是在纷纭世事的运行间,诸多复杂因子偶然凑成的一个有利于某人的空隙。它就像一匹烈马,除非你尽力追赶并死死勒住它,否则是很难不被它溜走的。

正所谓人一生的举足轻重往往取决于关键的几步。到底是由一次机遇改变了长久的境遇,还是仅仅带来一时一事的小恩小利,就在于当几次重要的机遇来临时,是敏锐果断地及时抓住并利用了,还是让它不知不觉地溜走了。

机遇并不会随便赐给每一个人,它只垂青那些深谙如何追求它的人,只赐给那些果断出击的人。机遇稍纵即逝,要在它到来时毫不犹豫地将其果断抓住,才能即时开启成功的大门。

美国第四大个人电脑生产商迈克尔·戴尔,时至今日,早已是《财富》杂志所列 500 家大公司的首脑中有为的英才。而他敏锐的眼光和果断的才力,早在学生时期就已显现。

还在奥斯汀市的德克萨斯大学读书时,像大多数学生一样,戴尔需要自己想办法赚零用钱。那时美国大学的校园里,个人电脑几乎成为学生们口中必谈的话题,每个人都想拥有一台自己的个人电脑,只苦于高额的售价而让多数人望洋兴叹。

这让戴尔萌生疑问:经销商的经营成本并不高,而他们所得的利润为何如此丰厚?为什么不能由制造商直接卖给用户呢?戴尔知道,IBM 公司规定经销商每月必须卖掉一定数量的个人电脑,而大多数经销商都无法把货全部卖掉。他也知道,如果存货积压太多,经销商会损失很大。于是,他又有了新的行动,按成本价购得经销商的存货,然后在宿舍里加装配件,改进性能。这些经过改良的电脑十分受欢迎。戴尔见到市场需求巨大,于是在当地刊登广告,以零售价的八五折推出他那些改装过的电脑。不久,许多商业机构、医生诊所和律师事务所都成了他的顾客。

就在戴尔的"创业"初见成效的时候,父母对他学习成绩的担心让他反倒坚定了自己的决心:"我要退学,自己开办公司。"

父亲惊讶地问道:"你的目标到底是什么?"

得到的回答是:"和 IBM 公司竞争。"父母认为戴尔过于好高骛远,但无论怎样劝说,双方仍旧都只是各执一词。最终,他们达成协议:戴尔可以在暑假时试办一家电脑公司,如果办得不成功,到 9 月份他就要回学校去读书。

回到奥斯汀后，19 岁的戴尔拿出全部的积蓄创办了戴尔电脑公司。当时他19 岁。他以每月续约一次的方式租了一个只有一间房的办事处，雇用了第一位雇员——一名 28 岁的经理，负责处理财务和行政工作。在广告方面，他请朋友把自己在一个空盒子底上画的广告草图重绘后拿到报馆去刊登，而戴尔自己则仍然专门直销经他改装过的 IBM 公司个人电脑。

积极推行直销、按客户的要求装配电脑、提供退货还钱以及对失灵电脑"保证次日登门修理"的服务举措，为戴尔公司赢得了广阔的市场。第一个月的营业额便达到 18 万美元，第二个月为 26.5 万美元，不到一年，他便每月售出个人电脑 1000 台。到了戴尔本应大学毕业的时候，他的公司每年营业额已达 7000万美元。

后来，戴尔停止出售改装电脑，转为自行设计、生产和销售自己的电脑。今天的戴尔电脑公司在全球数十个国家设有分公司，每年收入超过数十亿美元。

机不可失，时不再来；在进退之间，不能把握机遇者必将一事无成、悔恨终生。历史如潮，有人功成名就，有人潦倒一生，而后者往往还都在抱怨自己时运不济、生不逢时。事实上，智力、才能、身份、地位等基本条件并非唯一的决定因素，关键在于是否能"在对的时间做对的事情"。而这里所谓的"对的事情"，无疑就是大胆出击、果断决策，及时抓住也许只有一次的机遇。

正所谓"两鸟在林，不如一鸟在手"，机遇来临的时刻，可以说是一秒值万金。任何决策和行动都是有风险的，一般情况下，有七分把握、三分风险，就理应当机立断。大凡卓越者，都善于在与强手角逐中先知先觉，从不拖拉犹豫、坐失良机。《孙子兵法》云："凡善战者，以正合，以速胜，动莫神于不意，谋莫善于不识。"而这一瞬间的果断也是取决于我们改变过去的关键转折。

大胆创造，是风险，也是机会

拿破仑说过："利用良机对于庸才来说，永远都是一个秘密，而这正是比一般水平高出一筹的人的主要力量所在。"

他还说过："一些著名人物之所以成为伟人，不是因为获得了幸运的机会，而是因为他们是伟大的人物，善于控制幸运。"

无论是控制还是创造，都需要不同寻常的胆识。如果我们总是在抱怨没有被给予太多施展抱负和才智的机会，那么终其一生也许真的就会碌碌无为。

成功不是坐等来的，而是"做"出的。用大胆创造替换等待——就像拿破仑在近百种"不可能"的情况中为自己创造了成功一样，勇敢去创造辉煌。

有句老话说"是金子总会发光"，于是，每一个时代都有那么一些奇才贤士、英雄豪杰在苦修自身后仍然暗淡无光，长久地被埋没直至永远不再有机会证明自己的价值。被太多的沙子掩盖后，如果不懂得主动去创造让人挖掘的机会，那么也许永远都不会被发现。

人生匆匆，青春易逝。生命比金子昂贵，却没有金子长久。没有谁能忍受被埋没百年，也没有时间等待别人来挖掘；只能勇敢地从沙子中跳出来，用自己的才华照亮人生之路。

在这个过程中也许会有风险，但化用一句话是：创造了，还有机会；怯懦了，连获悉风险的机会都没有。所以说，只有勇敢地主动出击，才能使自己脱颖而出，获得意想不到的成果。往往，在我们行动之初，甚至连自己都不清楚是否能够成功，但这时，勇气就会帮助我们成就许多事情。

哈斯布罗公司在 20 世纪 70 年代以前，一直是美国玩具企业中的佼佼者。但进入 80 年代后，随着亚洲一些发展中国家轻纺工业的蓬勃发展，哈斯布罗公司受到了强大的冲击,险些被来势汹汹的香港玩具公司冲垮。

危难之时,斯蒂芬·哈森菲尔德出任该公司的董事长兼总经理。这位在商界混迹 20 余年的企业家,首先对公司的情况进行了全面了解和分析,然后对美国玩具市场和全球玩具的生产、发展情况进行了深入的调查研究。在掌握了大量信息和第一手资料后,研究出方案,进行了多项风险决策。

首先,他决定对哈斯布罗公司的玩具品种进行改革,重新设计出具有新、奇、巧特点的花式玩具。而这必须要有先进的生产设备。于是在 20 世纪 80 年代初,他决定投入 3000 万美元更新设备,随后又投入 3000 万美元收购布拉德利电子公司,这样使得哈斯布罗公司有能力生产各种能跟上时代发展步伐的玩具。

同时,哈森菲尔德也对公司的机构和人事进行了大胆的改组和调整。撤消了一些行政机构,增设了促销部门,解除了一些平庸的部门经理职务,起用了大批有胆识和经营管理才能的人员到重要岗位。特别是注意选好推销员,把促销部门视为全公司最重要的部门之一。

这一系列的举动自然触及了许多关系人的切身利益,他们极力反对。但哈森菲尔德不顾他们的极力反对,毫不动摇地把决策贯彻到底。

此外,他作的最冒险的决策就是:投资上千万美元设立新技术研究室,专门研究和开发新型玩具,甚至斥巨资购进一些技术专利。很多人说哈森菲尔德发了疯,而且事实上也并非一帆风顺。如 1988 年他花费 2000 万美元投资研究一种电子游戏机,结果生产出来后,经核算效益不好,被迫终止生产,2000 万美元付诸东流。但他却没有因这次失败而气馁,认真总结失败原因,汲取教训,以后的每项经营决策都注意作好内外调查,尽最大可能掌握好各种类型风险的有关原理和规律,以增加决策的准确性,降低风险。

在哈森菲尔德敢于冒风险的决策下,哈斯布罗公司经过十多年的努力,不但起死回生, 而且业务迅速发展。1980 年的销售额还不足 1 亿美元, 到 20 世纪 90 年代中期就已超过 30 亿美元, 毫无争议地成为玩具市场中的跨国大亨。

成功者之所以与众不同，并不在于他们掌握了多少理论，也不仅在于他们发现了多少机遇，而在于他们具备了把潜在机遇转化为现实的这种"无中生有"的能力。

在人生旅途上，有人游刃有余，有人处处碰壁。如果说，辛勤换不来成功，才能得不到施展，那就要检视在我们左右的机遇了。倘若我们能将自己所拥有的基础资源用来展开各种有效活动的话，那么每个人都会有机遇。诚如英国作家莎士比亚所说的："聪明人会抓住每一次机遇，更聪明的人会不断地创造新的机遇。"

在我们每个人的一生中，都有一个或几个决定成败得失的关键时刻，此时就是充分体现我们把握和创造机遇这种能力的时候。要记住，去尝试、去创造所付出的勇气，远比失去后的扼腕或无为的叹息要值得得多。有时，改变一小步，获取的机会也许就是人生的一大步。

风险越大，回报越高

首先，来看一道选择题：

甲方案：肯定赢1000元，乙方案：50%可能赢2000元，50%可能一无所获。结果是，大部分人选择了甲方案。这不难理解：人人都具有规避风险的心理。

那么，如果还有一个选择题：

丙方案：肯定损失1000元，丁方案：50%可能损失2000元，50%可能什么都不损失。结果，大部分人都选择了丁方案。这说明，人们又具有风险偏好的心理。

人在面临获得时，往往小心翼翼，不愿意冒风险；而在面对损失时，人人又都成了冒险家。人人怕风险，人人又都是冒险家。如同那句江湖老话所说"遇事赌一把"，人生一场赌，是一种态度的转变。

赌，也是最能看出一个人性格的。面对直接的利害得失，必须作出自己的判断和选择。即使不加选择，那也是一种态度，也要承受后果；既然入了局，就必须接受考验。

在通往成功的道路上，没有一条途径是平坦的。遭遇严峻时，有些人小心谨慎、保全自己。他们不是考虑怎样发挥自己的潜力，而是把注意力集中在怎样才能减少自己的损失上。而结果也大都会以失败而告终。

而那些在任何领域都能成为领袖的人物，他们之所以能够成为顶尖人物，正是由于他们勇于面对风险。美国传奇式人物、拳击教练达马托曾经一语道破："英雄和懦夫都会有恐惧，但英雄和懦夫对恐惧的反应却大相径庭。"

高风险，意味着高回报，若能一改自己保守平稳的性格而变得勇于冒险求胜，那么结果往往要比我们想象的还要好。在冒风险的过程中，我们就能使自己平淡的生活变成激动人心的探险经历，这种经历会不断地向我们发出挑战，不断地给予奖赏，从而改头换面、活力一新。

在相当长一段时间里，"冒险"就如同投机一样，是个贬义词。而在市场经济大背景的当下，经济学家们给其换上了一个恰如其分的雅称："风险管理"。的确，商人们长期以来不仅是在做生意，而且也是在"管理风险"。他们往往都不会坐等"驱逐令"之类的厄运到来，而是在每次"山雨欲来风满楼"之前，就能准确地把握"山雨"的来势和大小，从而靠着这样"风险"之机而发迹。

盛大集团总裁陈天桥可能从来都不会承认自己做生意时像赌博，但在当时作出选择网络游戏运营，选择代理《传奇》游戏的抉择时，他却是个不折不扣的赌徒。

当时国内根本还没有形成网络游戏运营的成熟商业模式和理念，更没有一个可供模仿的成功榜样。虽然在 2000 年底至 2001 年初，中国内地市场上也已经开始出现华彩的"万王之王"和华义的"石器时代"，但这些都还只是一种尝试。确切地说，那时候的网络游戏更多的是在市场培养阶段，还没有一家公司运营的网络游戏日进斗金。所以在这样的市场环境下,盛大冒险一搏,确实需要一种胆量。

从 1999 年 11 月创业开始,盛大始终在做"网络硅谷",与真正的网络游戏运营相比,盛大几乎可以说没有任何网络游戏的运营经验。然而,陈天桥孤注一掷,大胆地赌了一把。

在选择方向上,《传奇》本身并不是一款非常优秀的游戏。但陈天桥在评估了自身与外界条件后,毅然选择忠实于自己好的直觉。在盛大这艘当时来说还算小船正需调头时,《传奇》恰如其分地出现,正好搭载其上。

目标既定,陈天桥倾其全力,背水一战。从 2001 年 5 月下旬开始到 6 月底,经过将近一个月的艰苦谈判,《传奇》的海外版权持有商 Actoz 公司同意和盛大成交。7 月 14 日,这是盛大历史上值得纪念的日子:盛大和 Actoz 公司以一年 30 万美元的价格签约,合同有效期为两年,到 2003 年 9 月 28 日截止;合同中同时说明,除了版权运营费外,盛大每月上缴其收入的 27% 作为提成。

签约后的盛大基本上再无资金,此时面临的局面是,一方面要等着韩国人将游戏汉化,另一方面要为测试作准备。服务器、宽带、人员等一切需要钱的问题都堆到陈天桥面前。但他终究还是咬紧牙关,挺了过来。

事实证明,陈天桥"赌"赢了:《传奇》上线后,反响无比强烈,盛大也因此起死回生,获得比预期还要好的收效。

英国经济学家马歇尔指出:"企业家们属于敢于冒险和承担风险的有高度技能的职业阶层。"事实上,不仅在商界,人生处处都需要这种不同以往的改变。归结起来,就像红顶商人胡雪岩所说的"敢与不敢"。而这里的"敢"是需要胆识和谋略作为后盾的。也正是因为这"敢"与"不敢"之间的差别,才产生出成败两种截然相反的局面。

风险与回报向来不会过于失衡,前提是审时度势后的胆识。是算计风险,还是逃避机会,这决定了我们是否能有别于过去;同时,也是开创崭新未来的关键所在。

机遇在改变中创造

三国时期的枭雄曹操在少年时就立下了要打天下的大志，一切都是为了实现理想而奋斗。从官后因法令严明，很快便被升为顿丘县令。

不久，天下大乱，黄巾起义如火如荼，东汉王朝派遣各路兵马前往镇压。此时，曹操辞去县令一职，主动请缨跋涉战场。朝廷自然求之不得，曹操遂被任命为骑都尉，统领5000兵马。而后曹操广纳贤才猛将，并利用时机在颍川大战黄巾军，扩充了自己的力量，很快在诸侯中树立了威信。以后，他挟天子以令诸侯，四处征讨，成就了一番大业。

曹操的成功，在于他认清了形势，及时改换了自己的做人方式，准确找到了自己的用武之地，并且因缘际会，踩到了事业成功的跳板上，借势起跳，一举成功。若当初只津津有味地甘做县令，也就没有未来"一人之下万人之上"的丞相了。

甘于平庸的人是不会发现机遇的，也没有勇气去选择另一种环境来起跳和拼搏。这就如同如果有可能把鲨鱼放到一个巨大的鱼缸里养起来，那么它的坚甲利齿就发挥不了丁点儿作用；在没有波澜的温水里浸泡着，用不了多久就会忘记自己的本性而慢慢退化，甚至变得和金鱼无异。同样，如果一个人不懂得去寻找、创造一个真正适合自己用武的环境，那么也许就真的是"龙搁浅水遭虾戏，虎落平阳被犬欺"，人生也就不会再有什么机遇可言了。

真正胸怀大志的人甚至会主动放弃一些貌似安稳的生活环境，而在求新求变的天地中展开另一种视野，也因此而赢得更加辉煌的未来。因为他们往往都有一个最基本的观念：变化意味着机遇，世界变化了，个人必须随之改变。无论在个人生活中还是事业上，每当他们面对变化时，总会从中寻找改变的由头，从而创造出新的机遇。

被誉为"爱因斯坦之后最杰出的科学思想家"的英国理论物理学家、数学家斯蒂芬·霍金,2002 年 8 月,坐在轮椅上到北京参加国际数学家大会。40 多年前,他就因罹患"卢伽雷病"被禁锢在轮椅上;近 20 年前,他又丧失了语言能力,因患肌萎缩性脊髓侧索硬化症,全身只有 3 个手指头能动,连说话也要靠一个电脑发音合成器。

然而,就是这样一个连生活都无法自理的人,却一直在不断的改变和突破中创造出新的奇迹。他首先没有对生理的缺陷有所颓废,而表现出对科学的异常兴趣与追求。在牛津大学学习了 3 年后,刚满 20 岁的霍金便考入剑桥大学攻读博士。当时剑桥大学负责对他进行考评的专家罗伯特·伯曼教授后来曾对人说过:"任何人,不管多聪明,他都将很快发现霍金远比自己聪明。"

早在牛津大学时,霍金在一次去伦敦皇家天文台实习的过程中,感到用望远镜观察双子星座是那么的单调枯燥。经过认真考虑,他决定转变学习和研究的方向:研究理论物理学。

由此,他在理论物理上的"巨人长跑"就开始了。早在 1974 年,32 岁的霍金便在一次学术会议上提出了令人惊异的关于宇宙黑洞的理论。他推论,这种质量极大、体积极小的微小黑洞能不断释放亚原小粒子,并会在最后能量耗尽时发生爆炸。

霍金的这一推论被科学界认为是在试图将相对论和量子理论统一起来,而这正是爱因斯坦终其一生都未能获得成功的课题。此外,他的这个推论还有助于解释为什么宇宙会在 150 亿年的时间里由"一点"扩展成为了"无限"。

霍金在 1988 年出版的有关宇宙学的通俗著作《时间简史》,已广为世人所知,它被翻译成 40 多种文字,销售 1000 多万册;《果壳中的宇宙》曾获得安万特科学图书奖。他被誉为是继爱因斯坦之后最杰出的理论物理学家。

霍金在研究方向上的及时转向,对他以重病之躯仍能坚持在科学研究上作出巨大贡献无疑起了关键性的重要作用。

　　所有的成功者都应能随着变化而不断地调整自己，途径的转弯处决不是道路的终点。变化的确打破了原有的格局，但无形中也创造了一个新的契机。如果我们能自我"制造"一些变局，在改变中创造出机遇，那么人生也许就会有不一样的风采。

　　其实，无论被动地接受变革还是主动地进行变革，都是事物客观发展的规律和必然，只要勇敢地面对，就会从中开拓出属于自己的一片天地。开拓是一种创造，而创造就是打破旧有或化无为有；与其被动解决问题，倒不如发挥创意，在改变中得到升华。

危机中也有契机

　　有一个常识可能并不被大众所了解：使飞机起飞的最佳条件是逆风。

　　在起飞时，这可以缩短飞机的滑跑距离。如果是逆风起飞，飞机还没滑跑，便已经有了一定的相对于空气运动的速度，得到了一部分的升力。若其他条件不变，此时飞机只需要比较小的地速就可以具有离地所需的空速。也就是说，飞机只需要较短的滑跑距离就能获得离地起飞所需要的升力。

　　另外，在逆风的条件下，降落也比较安全。迎风降落时，就可以借风的阻力来减小一些飞机的速度，使飞机在着陆后的滑跑距离缩小一些。

　　逆风起飞，能让人想到逆风飞扬的奋斗，如19世纪法国著名作家福楼拜所说："你一生中最光辉的日子，并非是成功那一天，而是能从悲叹和绝望中涌出对人生挑战的心情和干劲的日子。"真正的成功者并不认为成功是最美的，他们往往欣赏的是能在逆境中继续努力奋斗的精神和姿态；而成功只是那些努力的一个结果而已。

　　这不禁又让人想起我国著名古籍《淮南子》中记述的塞翁失马的故事，它生动形象地向我们说明了一个哲理：顺与逆、福与祸之间不是绝对互相排斥的。正所谓"祸兮，福之所倚，福兮，祸之所伏"，好事并非绝对有利，坏事也未必不能引出好的结果。

而这里最重要的一点就是：转化。危机，就意味着危险和机遇并存；如何化解"危险"，使之变成机遇，就是我们能否真正有所改变的关键。应该认识到，事情这一方面的危机，也许正是另一方面的契机；或这件事情上的危机，很可能正是另一件事情上的契机。如果不去改变，谁也无法知道危机中就隐藏着最好的契机。

当遭遇危机时，如果我们能从中找到一线大有作为的机会，就应该把这个机会的成本值、期望值与风险值系数进行权衡。在充分评估的前提下，大胆出手。钢铁大王卡耐基曾说："任何人都不是与成功无缘，只是大部分人都无法自己去创造机会而已。"相反，那些能从福祸与顺逆中转化机遇的人，在改变了事态本质的同时，也改变了自身形象。

某企业在被曝光广告违规后，针对部分媒体把批判扩大到对整个外用减肥方式的质疑这一做法，适时出击，采取了一个明智之举：邀请许多业内知名专家阐述外用减肥的科学有效性。

这一举动无疑起到"一石二鸟"之效：一方面，给自己和整个行业正名；另一方面，也树立了有担当、敢负责的品牌形象。

最终，该企业成功地化解了这场广告危机。

可见，任何事物都是一分为二的。危机的出现，说明品牌建设的不足。如果我们能够从中发现问题的根源，吸取经验教训，那么在一定的条件下，危机也可能成为发展的机遇。

这里说的危机与契机的转化需要"一定的条件"，主要指的并不是"一定的运气"，而应视为"一定的努力"。不主动努力，只是单纯、被动地坐等危机转化为契机、坏事变成好事，这样的情况在现实生活中几乎是不可能的。我们所说的

"一定的努力",就是从自我意识、行事风格等方面的一种改变。

2005 年,某牙膏生产企业遭遇了进入中国市场后碰到的最大危机:被曝"可能含致癌成分"。

但该牙膏生产企业并没有手足无措,而是采取了一系列的方法进行"危机管理":首先,在北京召开了新闻发布会,正式发出官方声音;紧接着,该企业在一些知名媒体陆续强势推出关于牙膏 100%安全的广告,以正视听。

由于采取了强大的宣传攻势,该企业的市场并没有遭到严重的冲击,其稳定的增长态势仍然在同业中占据霸主地位。

危机并不可怕,可怕的是对危机心存畏惧。危机面前,沉着面对、灵活应变、大胆出击;高频度的曝光也可能成为品牌发展的助推器,从而化险为夷,实现新的飞跃。

当我们遇上了某种人为或非人为的危机时,不可只是焦急、痛心、怨天尤人,更不可颓丧、绝望、坐以待毙,这些都无法改变任何现状,需要做的是振作精神、冷静面对、认真思考,用心去捕捉危机中的转机,同时冲破墨守成规的传统,敢于尝试、勇于创新,从而走向一个新的开始。

负面变局,正面转机

1910 年,一场特大象鼻虫灾害袭卷了美国亚拉巴马州的棉花田。虫子所到之处棉花全毁,这对于棉农们来说简直就是一场灾难。

灾后,世世代代种棉花的亚拉巴马州人,意识到仅仅靠种棉花是不行了,于是,开始在棉花田里套种玉米、大豆、烟草等农作物。尽管棉花田里还有象鼻虫,但根本不足为患,只需少量的农药就可以消灭它们。如此,棉花和其他农作物的长势都很好。结果,种植多类农作物的经济效益比单种棉花高出 4 倍,亚拉巴马州的经济从此走上了繁荣之路,人们的生活也越来越好。

亚拉巴马州的人们一致认为,经济的繁荣应该归功于那场象鼻虫灾害,遂决定在当初象鼻虫灾害的始发地建立一座纪念碑,上面刻有一行醒目却让人惊诧的金色大字:深深感谢象鼻虫在繁荣经济方面所作的贡献。

最危险的时候,往往会产生最大的机会。最大的危险,也会产生出最大的机会。每一个改变都会产生两种结果,一种是正面的,一种是负面的;即使是负面的,也会同时带来一次机会。只要我们善加利用,负面的变局也会成为有利的推动。只要掌握成功驾驭变局的方法,就可以将负面的变局化为正面的契机。而我们自身的智慧和才能,也往往是在应付复杂的变局中得到了充分的锻炼。

突如其来的变局的确会打破人们已经习惯的生活方式,或约定俗成的体制、规律、观念等,使安于常规的人们受到冲击和刺激。但同时,阴阳相形、正负如影,关键在于我们是否愿意从心底里改变眼前的困境。因为,这样的冲击往往能召唤起人们巨大的潜能,使人们积极探索、创新,从而开拓出崭新的局面,收获到意想不到的惊喜,完成从"负面"到"正面"的转变。这不但会使人们自身得到发展和提高，也会促进团体的发展、事业的成功，甚至整个人类社会的进步。

真正的成功者总是能够妥善运用创新做法将负面的变局有效地加以利用，并通过努力将不利的变局化为一种机会，使其发展成为某种有价值的成果。

明朝永乐年间，明成祖朱棣借着迁都之际，准备进一步扩大和充实皇宫的规模，集中了全国各地著名的工匠大兴土木。当时被誉为"蒯鲁班"的著名工匠蒯祥，被任命为主持这一工程的负责人。

在蒯祥主持建造一座大宫殿时，一向对蒯祥十分嫉恨的工部侍郎在一个雷雨交加的深夜偷偷溜进工地，将已接近完工的宫殿大门槛的一头锯短了一截。这样毒辣的招数足以使蒯祥丢掉脑袋。

蒯祥第二天早上来到工地时，看到正中央的大门门槛少了一截，不禁大吃一惊。面对这样突如其来的变局，蒯祥一时间也有些手足无措。工期将至，且已经没有可以重建的同样材料。这该怎么办呢？

经过一番冥思苦想后，蒯祥忽然想出一个别样的办法：把门槛的另一头也锯短一截，使两头的长度相等；同时，可以在门槛的两端各做一个槽，使门槛可装可拆，成为一个活门槛。他还准备在门槛的两端各雕刻一朵牡丹花，既可以遮掩两端的槽，又能使门槛色彩鲜艳，显得更加富丽堂皇。

到了工程完工的那一天，明成祖亲自带领文武百官来验收。他看到宫殿的门槛是活动的，拆掉门槛后，轿子和车马可以直进直出，比固定的门槛更加方便；而且，门槛两端雕刻的牡丹花装饰得也十分漂亮。明成祖见状十分高兴，对蒯祥大加赞扬和赏赐。

蒯祥对这一变局的转化，闪烁着智慧光辉的创新，不仅保住了自己的脑袋，还为我国的建筑史留下了一段广为传颂的佳话。

那些有所建树的杰出人物都敢于承担风险、追求变化，即使面对不利的变局也能保持相对的冷静和勇气。他们中的佼佼者,有时还能做到像蒯祥那样机智地将负面的变局化为正面的契机,利用变局,将其转化为一种有利的机遇,从中引发出某种富有价值的成果。

要想在各种时局变化中抓住良机、赢得主动,关键在于是否敢于尝试自己从未做过,甚至别人也从未做过的事。如此行为虽然要承担的风险也许会更大,但获得机会的可能性也会更多。同时,我们自身能力的改变和进阶,往往也是在周旋于复杂变局的过程中得到了充分体现。

第十一章
有一种舍弃，是人生优雅的转身

　　取，便是一杯清澈的水，只那一杯，便无须再希冀天上的银河；舍，就是一抖背上的重负，只那一抖，便使你我得以仰望浩瀚的蓝天。其实，人生本就是一个不断得而复失的过程，就其最终结果而言，失去比得到更为本质。在这一取一舍之间，我们便改变了自己的高度，而生命也得到了无限地升华。

　　对自己不越位，对他人不强求，如此才会在一个又一个优雅的转身中走出从容的人生。

不必处处争第一

"站在第一位置上的人不一定是胜者,这总是一时的风光,却赌不来一世的顺畅。时代的风向总在转变,那些被吹走的名字,总是站在队列的前面。争当第一的人,眼睛总是盯着对手,为了得到第一,也许很多不善良的手段都会派上用场。也许,每一个战役,你都赢,但夜深人静,一个又一个伤口,会让自己触目惊心。何必把争来的第一当成生命的奖杯?我们每一个人,只不过是和自己赛跑的人,在那条长长的人生路上,追求更好强过追求最好。"

这是白岩松在儿子出生时给他写的一篇文章,题目叫《不争第一》。

人生不是竞争,不必把撞线当成最大的光荣。

当了第一的人也许是脆弱的,众人之上的滋味已尝尽,如再有下落,感受的可能就是悲凉,于是,就将永远向前。可在生命的每个阶段,第一的诱惑总是在眼前,于是生命会变成劳役。

时隔 13 年,白岩松依然这样告诉自己:"第一是不靠谱的,随时会更迭"。

白岩松从一名平面媒体记者转行做电视节目主持人已经十余年,也许他从没有想到自己可以在这个领域达到如此的高度,而伴他一路前行的信念也许就是凡事不要强求强争,懂得放弃与转身。

他曾说:"不争第一不意味着不努力,只是不要费尽心思非要争第一。就像长跑一样,长跑最后能取得很好成绩的人,不一定一开始就领跑,但是必须让自己保持在这一方阵之中,最后比的是韧性和耐力。"

对一个做了很长时间电视节目的主持人来说,最重要的是能够时刻保有一种继续向前走的动力和勇气。而十几年来,白岩松就一直以长跑选手来定位自己,不因一时荣誉而不知所以,也不因一时打击或挫折而如临深渊。只是扎实、坚定地跑好每一步，时刻调整好自己的节奏，从而获得了他游刃有余的人生。

美国著福特汽车公司的创始人亨利·福特在回忆当初自己的管理方式时，感慨良深地说："没有一个人是无所不能的。如果当初没有我的及时改变想法和退出公司，也许福特公司就不会有这么大的发展。不管一个人的地位有多高，也不管他有什么样的成就，都会不可避免地犯这样或那样的错误，没有一个人能在所有方面都是最好的。"

在福特公司创立之初，公司很多技术都由福特本人开发，他也因此以技术而闻名。福特也认为自己无论是在企业管理，还是研发技术开发方面都是无所不能的，处处都能做到最好。

然而，在福特技术内部研究所里，整个公司的技术人员都在为用"水冷"还是"气冷"冷却发动机而争论。大部分技术员都支持采用"水冷"来冷却发动机，但是福特却认为"气冷"是最好的，因此整个福特公司生产出来的汽车都是"气冷"式轿车。

但由于一次在一级方程式冠军赛上"气冷"式赛车的失误，导致"气冷"式轿车的销量剧减，公司的几名技术骨干也纷纷准备辞职。面对福特公司遭遇的前所未有的危机，福特猛然醒悟过来，明白了事态的严重性，也明白了自己一直以来大包大揽的角色错位。

于是，他亲自召见了所有的研究人员，宣布公司以后技术研究的主要方向由他们决定，自己只是管理。紧接着，福特把当时想辞职的几名技术人员全部委以重任，自己也不再插手技术方面的事情，而转向了管理。

后来，公司的技术人员开发出适应市场的"水冷"式发动机，再加上福特先进的管理技术，福特汽车顿时销量大增。而这些技术人员的努力使福特汽车顿时成为了汽车行业的品牌汽车。

就像福特事后感慨的那样，没有谁是无所不能的。只有正确地认识到自己,才能有明确的发展方向,一个人如此,一个公司也不例外。"越位"的人生往往让人们总是抓狂于自己的苛求中,身心疲惫而沉重。让自己背负"超人"的角色越多,对苦闷的体验也就越敏感。

的确,一个人的能力是有限的,认识并接受了这样一个事实,我们便懂得凡事不必苛求。如果非要把自己拔到那些完不成的极限,又怎能不心受折磨?尊重客观规律,辩证地把握强弱;抱着一种顺其自然的心态去追求、去努力,或许就能在另一种美丽的转身中打开更广阔的空间。

追求梦想本是一件极有魅力的事情,但请记住,我们和芸芸众生一样,只是一个再普通不过的人。凡事不可苛求,与人无争、与己有求,但并无奢望。鱼与熊掌不可兼得,择其善者,尽力而为;于其他,或放弃、或关门。要记得:人生长途中不必把撞线当成最大的光荣;我们每一个人,只不过是和自己赛跑,追求更好强过追求最好。

积极准备,也做好失败的打算

一家私企的董事会上,12个投资人正在讨论如何建造亚洲最大的游乐场。

可以说,他们个个都是业界精英,发言也都相当精彩。然而,令人惊讶的是,12个投资人,无一不在谈论"如果失败了怎么办"以及"在哪一个环节上最有可能失败"。甚至还具体筹划到"准备赔5000万,如果还不能赚钱,就放弃"。

12个投资人千里迢迢聚在一起,经过周密的调查和严谨的论证,得出来的更像是为失败做的一个计划。

人生长路何等艰辛,肯定会遇到各种障碍和困难。可许多最后成功的人,他们的行事风格大都是在没有成功之前,就已经提前咀嚼了失败的苦涩与伤感。他们的成功计划反而更像是一种为失败准备的周密流程。而恰恰那些最终失败了的人,却很少做过失败的打算。在这样的基础上看来,把失败计划做好也许才是成功的第一步。

其实,从我们准备出发的那一天起,就要开始承担以后有可能出现的风险。这就要求我们在动手开启新的篇章前,必须从各方面做好最充足的准备,同时把"危机意识"落实到具体的日常生活中。

这种落实首先就体现在心理上,也就是心里要随时有接受、应付突发事件的准备,这是一种心理建设。心里有所准备,在遇到挫折时便不会自乱阵脚。多多听取他人的建议和意见,避免走前人的"老路",就能真正起到"吃一堑,长一智"的作用。即使为错误付出了"成本",也不会过于丧气失望,从失败中分析总结,找出自己的不足并加以改正,这对日后更广阔的发展未必就不是件好事。

聪明的人善于把最坏的打算作为经历挫折、承受打击的底线。经历过大风大浪的人,再遇到小的涟漪,就会对自己说"这点儿波浪算得了什么"。越早在心理上经历过艰难困苦的人,往往越具有坚定的意志力以及工作的战斗力,以至于在日后能真正承受住打击,很好地解决在实际中遇到的困难。

如今,对于世人来说,40 年前美国宇航局阿波罗 11 号登月的辉煌成功已是家喻户晓的事情了。但很多人也许至今都不知道,当时,美国总统尼克松甚至都已经为可能发生的灾难做好了失败演讲的准备。

这份为尼克松总统所写的预备演讲词如今静静地躺在美国国家档案馆里,只有当阿波罗 11 号任务发生悲剧,使指挥官尼尔·阿姆斯特朗与登月舱驾驶员巴兹·奥尔德林永远留在月球上,而他们的同事迈克尔·科林斯却在指挥舱中绕月环行时,才会被尼克松总统读出。

这里的渊源要追溯到指挥阿波罗 8 号绕月任务的宇航员弗兰克·伯尔曼身上。他向尼克松的演讲词作者威廉·沙费尔建议,出于谨慎的考虑,最好要妥善做出后备计划,以防阿波罗 11 号的宇航员在万众瞩目之下不幸牺牲。

在这份 10 年前才公之于众的预备演讲词中,人们看到了这样具体的言语:

"命运已经注定了这些心怀和平到月球上探险的人将永远留在月球上安息。这些勇敢的人，尼尔·阿姆斯特朗和埃德温·奥尔德林，知道他们没有回来的希望，但他们同样知道他们的牺牲将会给人类带来希望……从此，每一个于夜晚抬头凝视月亮的人，都知道在另一个世界中有某个角落是永远属于人类的。"

当然，登月灾难并没有发生，而阿波罗 11 号也完好无事。但尼克松曾为此做好的"悲剧准备"无疑是对第一批探月者所面临的未知风险的一个绝好提醒。

要想有更足够的把握，就要事先"舍弃"一些固有的主观认同。也就是说，所有的事情都要有"万一……怎么办"的危机意识，把对错误、困境、危机和失败的分析研究常态化，做到未雨绸缪，预先充分准备。要知道，失败，往往不是一个具体错误造成的，而是一连串错误和多重困境叠加而导致的。

随时把"万一"握在手心里，积极地做好失败的打算，如此，自然不会被"还不算太坏"的情况所击倒。只有正视困境，才能在人生路上未雨绸缪，最终走向成功。

别忘了说一句：已经很好了

"想想疾病苦，无病即是福；想想饥寒苦，温饱即是福；想想生活苦，达观即是福；想想乱世苦，平安即是福；想想牢狱苦，安分即是福；莫羡人家生活好，还有他家比我差；莫叹自己命运薄，还有他人比我厄……"

这是网上甚为流传的一首《知足常乐》的歌谣。这里，作者用类比的方法，表达了对无病、温饱、达观、平安、安分的认识，对现有收获倍加珍惜的心态，对目前成果尽情享受的胸怀。由此说来，知足，是人们认识社会、把握心态的一种智慧；常乐是认识事物以后如何处世的一种精神境界。

当我们还在父母的怀抱里啼哭不已时，有的婴儿已经被遗弃了；当我们嫌父母对自己的关心不够时，有的同龄人却连生身父母是谁都无从得知；当我们厌学逃课时,有的人却没有踏进校门学习的机会;当我们整日顾影自怜、小病大养时,有的人在这个世上的日子已经所剩无几;当我们不满意镜子里自己的身材时,有的人却永远被疾病缠身;当我们正在为穿哪一双鞋出门儿烦恼时,有的人却终生要与拐杖为伴;当我们频繁地更换数码产品时,有的人却连电视都还没有看过;当我们还在为明天的计划而愁闷时,有的人却已经没有了明天。

原来,我们现在所拥有的,已经很好了。

学会知足,背后是一颗平常心的无欲则刚,它的真正意义是使人奋发向上,放弃那些无谓的抗争和无意义的琐碎,放弃那些不可能实现的幻梦,放弃那些过分的狂喜。在生命不可能永远平静的海域里,能帮助我们更有力量地把握人生进取的航向,从而扬帆破浪。

有一个从小就生活在一个贫困的家庭中,朝不保夕的日子让他时时恐惧;他也因此而格外珍惜求学的机会,刻苦努力,终于依靠着助学金和奖学金而名校毕业。

参加工作后,他一直就是个"拼命三郎",成绩一天一天在攀升,工资卡里的数字也终于在两年后晋升了位数。然而他仍旧觉得自己所取得的一切"只有那么一点儿",从来不肯有半刻的停止。

后来,因为大出血而住院,可就在卧床休息的20天里,他仍然在床上不分昼夜地联系业务。之后又因为太多的加班熬夜,竟然在副总裁面前汇报工作时当场"失声"。外派工作时,他白天走访市场,晚上熬夜赶写报告,竟然在周一早晨给员工训话时晕倒在众人面前。他要处理太多的突发事件、公关事件,时时应酬,顿顿喝酒,最后竟喝到不能起床,喝到阑尾炎发作还没有时间去做手术。他就像在跑步机上行走的人,从来不曾停歇过,总是脚步匆匆、马不停蹄。

终于有一天,生命的传送带还在继续运转,而前进的齿轮却坏了——他彻底崩溃了,同时,也终于有机会停了下来。

在长时间休养的日子里,他发现,原来自己干得已经很好了,他人所希望的一切自己几乎都拥有了,唯一少了的,是感受这些美好的心。于是,在人过半百时,他终于有了一个转身,虽然已经算不上优雅,但也还算得上及时。

他在封存了数年的博客上写道:"是的,我该停一停了,把背上的包袱放一放,好好地喘一口气。把急行军的步伐放缓一些,去呼吸一下负氧离子,看一看风景。让世上的纷纷扰扰暂时归于平静安宁,让惊乱繁杂的生活从今天开始归于简单平淡……"

其实,我们赚钱,就是为了让生活过得更加美好。然而,如果只知埋头苦干,没有享受的乐趣,那生活还有什么意义?生活质量的高低,并不完全体现在所拥有金钱的多少和物质的寡众上,更重要的是脸上的微笑,还有心中的情感。

很多事情只有经历过才懂得它的弥足珍贵,可是往往就已经遗落了那一份拥有时的心旷神怡。在前进的道路上,当取得一些成绩时,如果我们都能乐由心生,对待困难的工作情绪,就会如阳光般朗朗映照。知足常乐,在烦躁与喧嚣中过滤了压抑与深沉,沉淀下默契与亲善,澄清出本真与回归。改变就在这样不知不觉中"润物细无声"。如《笑傲江湖》里的一句话:莫思身外无穷事,且尽生前有限杯。

我们没有动人的外表、高贵的出身,却可以拥有优雅的谈吐和充满智慧的大脑;我们没有值得炫耀的财富,却可以拥有大江大海般的亲情、爱情和友情。学会满足,就会发现在生活的河流里,虽没有惊涛骇浪的传奇,却不乏宁静的水波;人生的片段中虽少有鲜花簇拥的辉煌,却不乏光明正大做人、踏踏实实做事的喜悦。

对自身的要求若懂得适可而止,便有了长久的自得;对生活充满感恩和满足,便能获得永远的快乐。在长时间低头拉车的漫途中,不妨多设几个驿站;停歇时别忘了对自己说一句:已经很好了。说不定,这样的意识就能伴随着我们继续上路,在下一个道口就会有一个不一样的改变。

让理想转个弯，放弃不该有的杂念

布袋和尚是弥勒菩萨化身，时常背着袋子在社会各阶层行慈化世。一次和农夫一起干活时，看见农夫手拿着青秧一步步往后退，退到田边，退到最后，也就把所有的秧苗全部都插好了。

由此，布袋和尚写了一首七言诗："手把青秧插满田，低头便见水中天。心地清净方为道，退步原来是向前。"

布袋和尚真不愧是一位高明的禅师，他以插秧做农事的经验寄托了禅理，以深入浅出的道理诠释了人生：从近处可以看到远处，退步亦可当做进步。这让现实生活中习惯了"看高不看低，求远不求近"的人们有了相对性的提醒。

正因为低头，便能看清楚水田中倒映的天光；正因为倒退着插秧，才能不踩坏秧苗，迅速把秧苗插完。可见，有时候，退让并不是完全的消极，如同放弃并不等于失败。只不过需要格外明确的是，放弃的是那些或纠缠于心灵，或与成功无益的杂念。有句话说："人生最大的遗憾莫过于轻易放弃了不该放弃的，却固执地坚持不该坚持的。"无论放弃也好、转弯也罢，都是为了另一种积极进取的改变，或明心智、或助登峰。

一位老和尚带着他的徒弟去拜访另一家寺庙的住持，途中遇到一条湍急的小河。正要挽起裤脚过河而去，无意间看见河畔的石头上坐着一位形态端庄、貌美如花的姑娘，正望着河水发呆。

老和尚便上前念了声佛号，询问姑娘为何独坐于此。

姑娘无奈地说："今日正要赶着到邻村去参加亲友的喜宴，可是昨夜的一场暴雨让这河水变得湍急，我有些害怕啊！"

得知如此，老和尚没有丝毫犹豫地便背起那位姑娘过了河。

到了河对岸,姑娘道谢后,大家便分头赶路。向前走了一大段之后,老和尚的徒弟满心疑惑,突然开口问道:"师父,我们出家人一向四大皆空,须得要过五戒,尤其是这'色'戒……"

老和尚笑道:"你是不是认为,我背那位姑娘过河有犯戒规了?"

徒弟迟疑半晌,面露难色,终究还是小声嘟囔着:"可是,男女的确授受不亲……"

老和尚看了看徒弟,温和地说道:"刚才我在河旁就已经将那位姑娘放下,任她自行离去了。而你到现在还无法将她从心头放下,硬是拴住,不肯放她走。"

是啊,外界一切的规则都只是形式上的附加,只有真正从内心上放弃那些扰攘的杂念,心纯如水,才会使理想成长在平和之中。心纯并非是不谙世事,而是放弃不必要的杂念,让美好的东西占据心灵。

要想有所改变,与悲沉消极彻底决裂,就要能够正确清理杂念,保持内心空灵的状况,适时接纳别人的劝解,积极吸收崭新的观念;而这些,都是让我们能够不断激发创意、快乐生活的不二法则。

学会放弃,就是学会选择,学会选择就是审时度势、扬长避短、把握时机,明智的选择远远优于盲目的执著。那是一种睿智和远见,它需要果断和胆识的支撑,是提升决断力和执行力的途径。心无旁骛,放弃那些不该有的杂念,才能实现如初的理想。

1988 年在汉城奥运会上,首次参加奥运会的 17 岁本土小将金水宁在女子射箭个人比赛中战胜师姐王喜敬和尹映淑,夺得该项比赛的金牌。随后,金水宁又与队友合作夺得女子射箭团体冠军。

本来,教练并没有把希望完全寄托在金水宁一人身上。比赛开始后,主场观众的助威声此起彼伏,一声哨响后,观众们都静下心来,队员们角逐的时候到了,令教练大为意外的是,第一名队员成绩糟糕,甚至没有达到平时训练时的水平,在首轮角逐中便惨遭淘汰。而第二名队员的成绩在决赛进行到一半的时候也开始不稳定,且越来越失去准头。在这样的情况下,教练只得把目光投向最后一名队员——金水宁。

只见她异常沉着冷静,每一支箭几乎都命中靶心。最终她获胜了,如愿以偿地取得了金牌,为国家赢得了荣誉。事后,当教练问金水宁为何能战胜两位师姐夺冠时,她平静地说:"我当时只看得见靶心,连箭都看不见了。"

2004年雅典奥运会上,这位老将又重新复出,她的成绩依然是最好的。对于自己保持良好成绩的诀窍,金水宁还有一句被业界广为流传的话,那就是:我决不留恋射出的箭。

谁人理想不美丽?可心中有太多杂念的人大都会被犹豫不决羁绊住了手脚,从而偏离了正确的方向。真正的高手只看得见靶心,一心向着理想而去,而从"只看得见靶心"到"决不留恋射出的箭",这样的转身更像是一种飞跃和升华。

正所谓"两弊相衡取其轻,两利相权取其重"。放弃是清醒地面对生活时需要采取的一种选择,是一种理智地面对推陈出新的诱惑时的战略智慧。学会了放弃,也就学会了争取。放弃杂念,才能卸下人生的种种包袱,轻装上阵,平静地等待生活的转机,渡过风风雨雨;懂得选择,才能拥有一份成熟,才会在人生的舞台上有一个更加充实、坦然和轻松的转身。

不要一味索取，付出会让你收获更多

"溪水清清下石沟，千湾百折不回头。一生治学当如此，只计耕耘莫问收。"

这是中国著名的经济学家厉以宁先生 1955 年自北京大学毕业时写下，用以自律的七绝。

有太多像厉老这样在艰苦环境下潜心付出，而后又不向国家索取任何荣誉的老一辈科学家和革命家。他们舍弃了浮华的物质报酬，不顾于名与利的索取，终其一生，收获的却是推动某一领域革新的发展和世人长久的敬仰。

农人耕耘，其实并不一定单单只有一个收获的目的。其中，他们撒种、除草、施肥、灌溉，俯仰于天地之间，挥汗于四季之时，作为一个农人的价值也就在此过程中得到了体现。当秋收的时候，田地里所长出的每一粒粮食实际上都是对农忙的一种褒扬和回馈。他们并没有一味地索取百亩田、千吨粮，只是天道酬勤，农田因感受到了他们的付出，那一颗颗种子也就更有力地破土而出。这种收获是一种预料之内的惊喜。

"台球神童"丁俊晖 8 岁半接触台球，13 岁便获得亚洲邀请赛季军。在被外界公认为"天才型选手"时，他的父亲道出了其中的奥秘。

2006 年，父亲为丁俊晖领得了 2005 年 CCTV 体坛风云人物奖的奖杯。站在领奖台上，一如丁俊晖在赛场上一样平静地说："小晖场上比较成熟，但是场下还是一个小孩子，其实所谓'台球神童'也只不过因为他比其他人付出了更多，所以收获了更多的成绩。"

在赛后的新闻发布会上，丁俊晖仍然对于获得该奖项一无所知，当记者问及这件事情的时候，丁俊晖摇头反问："什么奖项？不知道。"

正因为丁俊晖很少顾及那些奖项的得失，专心致志于自己所热爱的台球训练中,在一种水到渠成的引领下,反倒收获了很多荣誉。

往往,人们在做出一项决策或付出某些努力之前,总喜欢权衡利害得失,这本是人之常情,无可厚非。但有些人却沉溺于一味的索取之中,或纠结于事情的结果,或斤斤计较于可能付出的代价,这就不免错失很多良机,或者使本该快乐充实的奋斗过程背上了沉重而痛苦的包袱。"不播春风,难得夏雨。"倘若总问收成,不事耕耘,结果只能是空无一物。

其实,人生无须太多的思前想后、斤斤计较;当向顶峰迈开第一步的时候,我们就已经进入了生命的过程,生活的全部内容从此展开。而更重要的是,要想获得真正的快乐,那么就要学会不计回报地为他人付出。这体现了一种美好的人性,一个懂得付出和给予的人不仅能温暖别人的内心,而且也会滋润自己的灵魂。付出意味着从个人的利益圈中跳出来,关心他人、奉献社会;如此,便会有一种发自内心、超越自我的持续而长久的快乐。正如罗曼·罗兰所说:"快乐和幸福不能靠外界的物质和虚荣,而要靠自己内心的高贵和正直。"

行事如此,做人亦如此。电视剧《乔家大院》里的乔致庸夫妇就是这样"收服"了"铁信石",从而收获了意想不到的生死之交。

"铁信石"原名石信铁,他的父亲卷入了乔致庸大哥在包头的高粱霸盘生意,后破产,全家除"铁信石"外全部自杀。"铁信石"从小离家跟高人学习武术,一心要为父报仇。

后来在"铁信石"成为一个流浪者、行将被饿死的时候,乔致庸的媳妇善良地收留、照顾了他,虽然他们当时并不知家族仇恨的内情。

乔致庸在经商的过程中不计个人得失,不图回报,谋求开通茶道,救助茶农;力争货通天下、汇通天下,为天下商人造福。这些,"铁信石"都看在眼里。

还有,乔致庸为其父母修墓,以为祭奠。"铁信石"也感在心中。

所以,乔致庸在婚礼上没有被"铁信石"杀死,后来,"铁信石"的镖也放过了乔致庸。最后,竟然在随乔致庸帮助左宗棠收复新疆的过程中,护主而死。

人心与人心的往来中,是需要爱来滋润的;而真正的爱是"恒久忍耐,又有恩赐"。人的一生,为他人付出的越多,心灵就越富足,就越会获得坦荡、自若的生活。心灵富足的人必会爱人。因为爱就是给予,是富足、是宽广,是安身立命的一切。

正如泰戈尔所说:"我们的生命是天赋的,我们唯有献出生命,才能得到生命"。摒弃一味索取,付出、奉献、分享和帮助,我们就会拥有越来越多可以付出、可以分享、可以给予和可以帮助的收获。付出一点点,生命才会因充满了爱意而更显优雅。

想拥有太多,注定不会快乐

一个地主虽然已经几近富足,但看到临近的一个部落首领,还是想从那里得到一块地。

首领没有拒绝,只淡淡地对地主说:"你从这儿向西走,做一个标记;只要能在太阳落山之前走回来,从这儿到那个标记之间的地都是你的了。"

地主大喜。可是,太阳落山后还没见他回来。

几天以后,人们在很远的一条小路上发现了地主,身体已冰凉——因为走得太远,他在路上累死了。

其实,这位地主完全能在太阳落山之前赶回来,他不止一次地停住西行的脚步,准备往回返。但最终,到底没有战胜还想拥有再多一点儿土地的贪欲。是欲望一点一点地牵引着他越走越远,最终踏上了不归路。

很多人都会对地主的贪婪嗤之以鼻,但事实上,世间最荼毒身心的莫过于欲望中的"名、利"二字。天下熙熙,皆为利来;天下攘攘,皆为利往。古往今来,又有多少英雄豪杰、仁人志士在名利场中枉送性命,被名利弄得焦头烂额、愁肠百结。

迷失在高楼大厦的钢筋围墙之中,朝九晚五的人们也许都来不及感受一下阳光的温暖,甚至很少呼吸到新鲜的空气。深夜凄迷中,来自心底的发问让我们不知未来的方向;站在人生的十字路口,除了迷茫和恐慌,我们用什么来充实自己的内心?是否还在为鱼与熊掌不可兼得而烦恼、惆怅?又是否饱尝了捡了芝麻却丢了西瓜的无奈?那么多彼此缠绕的欲望,让我们往往把无欲则刚这样简明而浅显的道理抛之脑后。

从前,有一对磨豆腐的小两口,虽然日子过得清贫,但两人却也乐在其中,一天到晚歌声笑声。

有一天,妻子在出门卖豆腐的路上捡到了一锭金元宝,拿回家后告诉丈夫。可说来也怪,自此以后,家中就再也听不到往日欢乐的声音了。

原来,夫妇俩正在合计,他们捡到了"天上掉下来的"金元宝,是不是以后就不用做磨豆腐这种又苦又累的活儿了?可是,如果做生意,赔了怎么办?不做生意?总有坐吃山空的一天。丈夫心里还想,生意要是做大了,是该讨房小媳妇,还是该休了现在这个黄脸婆?妻子则在琢磨,早知道能坐等发财,当初就不该嫁给这个磨豆腐的。

一寻思,二琢磨,之前快乐的小两口现在谁也没有心思说笑了,烦恼已经开始占据他们的内心。更令小两口痛苦的是,下一个金元宝会什么时候"掉"下来呢?这样,他们就能过上真正衣来伸手、饭来张口的生活了。

佛祖说,生活原本没有痛苦、烦恼和忧愁,当欲望太多、计较太多时,背负的东西也就越来越沉重,自然也就没有了快乐。想拥有得更多,痛苦便多,幸福便远离。人生在世,每个人起初都有一个空行囊。行走在人生旅途上,一路上边走边拾,便也有了越来越多的动向:地位、权力、财富、友谊、爱情、事业……但是,又有多少人懂得适时收手呢?即使行囊已经被装得满满的,却依然有那么多的不甘心。沉重了,便不快乐了。真的是"当鸟翼系上了黄金,也就飞不远了"。

想来,人之所以活得疲累,不是因为使之快乐的条件还没有攒齐,而是想要拥有的东西太多,从而成为痛苦的奴隶。不曾想到要拥有太多,只是单一而纯粹的要求,快乐的源泉自然也就简单。

只有不去计较的人,才能享受到生活的和谐;只有懂得节制欲望的人,才能享受到人生真正的乐趣。"物无美恶,过则为灾",以"用有"来取代"拥有",即够用便好。如此,才会有情趣去欣赏世界可爱的一面,体会到人情道义的善良,才能有机会感受到真正的快乐。

有时吃些小亏反而能占大便宜

20世纪80年代初,一个在邮票厂工作的人受朋友之托,代买了10版首套生肖猴票。自然,买邮票的钱是这个人垫付的,一共100元整。

万没想到的是,当要把邮票交给朋友时,对方忽然又说不要了。要知道,在当时的那个年代,100元也不是一笔小数目了。没有办法,这个人只能自认倒霉,把那10版猴票拿回家压了起来。

进入90年代后,邮票市价暴涨,猴票翻到了10万元一版。这个人因亏得福,100元变成了100万元。

很多时候,吃亏并不是一件糟糕透顶的事,所谓的亏损与便宜就好像福祸一样,是相互依存、相互转化的。诚然,得与失互为转化的结果有时也并非立竿见影,如同上述事例中买邮票的人,可是用了10年的时间,才从"吃亏"变为"占便宜"。然而,如果没有当时的"吃亏",又怎么会有日后的"便宜"可占呢?

这样说只是想表明,吃亏往往是福报的一种积累。早有古人"吃亏是福"的感悟,人生在世,收获与付出相伴而行,却不可能次次相等。有得也有失,既不会有全得,也不会是全失,而是得中有失、失中有得。吃亏则是收获与付出之间的平衡、得与失中的理性。如何真正领会其中的含义,仁者见仁,智者见智,需要我们仔细体会和品味。

漫漫长途,难免会有一些不顺心的事情,也总会出现有争端的时候。这时如果能够"大事化小,小事化了",那么到底是吃亏还是占便宜,也未可知。

战国时期,齐国的孟尝君因礼贤下士而广为出名,冯谖就是一个为了报答礼遇之恩而在其门下效力的谋士。

孟尝君曾经遇到"久债不还"的棘手之事,又无人愿意去承担这个费力不讨好的活役。原来在几年以前,孟尝君封地薛邑遭受大旱,田地颗粒无收,百姓难以为继,不得已向孟尝君借了债。但特殊的地理环境让薛邑一直没有优厚的自然条件,那里的人民不但没有转富,反而越来越惨淡了。于是,欠下的巨额债务就一直拖着。

孟尝君也并非不通人情世故之主,几次派人讨债都无果而返,倒也没有怎么追究。如今,更是对此不知所措。正当时,冯谖自告奋勇,承担了讨债一事,并同时询问了孟尝君准备用催讨回来的钱买些什么。孟尝君说,就买点儿我们家没有的东西吧。

冯谖领命而去。到了薛邑后,他见到老百姓的生活十分穷困,听说孟尝君派出讨债的使者,均有怨言。于是,冯谖召集了邑中居民,对大家说:"孟尝君知道大家生活困难,这次特意派我来告诉大家,以前的欠债一笔勾销,利息也不用偿还了。孟尝君叫我把债券也带来了,今天当着大家的面,我把它烧毁,从今以后再不用还。"说着,冯谖果真点起一把火,把债券烧了个精光。薛邑的百姓没料到孟尝君如此仁义,人人感激涕零。

冯谖回来后,如实回答了事情经过,孟尝君大为不悦,慢慢疏冷了冯谖。

数年之后,孟尝君被人谮谗,齐相不保,只好回到自己的封地薛邑。薛邑的百姓听说恩公回来了,纷纷倾城而出,夹道欢迎。孟尝君感动不已,方才体会到冯谖当时的良苦用心:焚烧了债券,却买回了民心。

这就是自古著名的"焚券市义"的典故。

如论现实利益,孟尝君当年确实是吃了小亏;然而,日后的"大便宜"却给他带来了始料未及的惊喜。可见,前期的播种收获了后期的果实;一时的改变也能为今后更加长足的发展奠定不可知的基础。

愿意吃亏、不怕吃苦的人,总是把别人往好处想,也愿意为他人多做一些,在其看似迂腐、软弱的背后,是一个宏大、宽容而纯净的世界。在此便有着久远的快乐和幸福。吃亏的人,一般都会得到旁观者的同情,不但赢得了好人缘,还会在道义上得到更多人的支持。在物质利益上不是锱铢必较而是宽宏大量,在名誉地位前不是先声夺人而是先人后己,在人际关系中不是唯我独尊而是尊重他人。如此,改变了对于吃亏的心态,也改变了自己的人际关系。

吃亏并非了无追求、碌碌无为,而是一种理性面对得失和追求的坦然,是一种面对索取和作为的豁然,是旁观于他人追名逐利而仍能保持宁静和明智的超然。如同"而立"、"不惑"、"知天命",在一次次小亏的损失中,便练就了一份清醒的思考和平释的情怀。由此达成的气质与境界,可谓是整个生命的蜕变。

在"若欲取之,必先予之"的改变中,不再斤斤计较、不再患得患失。亏了一些利益的同时,轻盈了身体,涤荡了心灵,从而有了一个潇洒的转身。而人生就是在这样一次又一次洒脱的转身中,舞动出一部精彩的华尔兹!

愚公移山不一定是好事

愚公应该搬家,而不是移山!

不要感到惊讶,这是某高中主题班会上同学们讨论后得出的结论。他们认为愚公移山不仅破坏了自然,给生态环境带来了不良的影响,同时对"无穷匮"的子孙世代从事一件违背自然规律的劳役表示极大的费解。

想来,在我们第一次被告知愚公移山这则典故时,希望传达的必然是锲而不舍的意志,而绝非违背客观规律的谬误。人的精神固然重要,但一味片面、单纯地夸大它的作用，无疑是不符合自然发展的。

我们应该选择一种科学合理的方法，打破封闭僵化的思维模式，提倡功效结合的思维方法。这意味着人员、物资、信息的合理流动，无疑是符合时代发展要求的。当下的旋律，是需要在务实之中求应变、应变之中求进取的科学指导下谱就的。有道是"穷则变，变则通，通则久"，我们只有把执著与变通相结合，才能破旧立新、再造辉煌。执著是船，变通是帆，把握好两者的尺度，人生才会战无不胜。

林语堂说："明智的放弃胜过盲目的执著。"人生的道路千万条，如果前进的路上摆明了"此路不通"的标志，我们又何必固执于旧有的方向？锲而不舍的确是一种可贵的精神，但前提是要走在前方终有出口的道路上。逆潮流而动，只会让我们越走越黑。对于那些人力不可为的事情，就不要固执地坚持；放开执著，同时也是放过了自己。

有时，弯道比直线更加快捷；有时，屈服比顽抗更加伟大。高山上的雪松执著于生命，所以它们才选择了弯曲；蝴蝶执著于飞翔，所以选择了囚禁；石头下的种子执著于成长，所以选择了倾斜……这便是执著与变通。

当年，荆轲刺秦王，"风潇潇兮易水寒，壮士一去不复还"。只是，他太执著于自有的价值，图穷匕现，血溅那一段惨淡的历史，即使壮烈也终究没有改变历史。

数百年后，又有三国时的曹操刺董卓。他也执著，只是他执著的是董卓，是自己的霸业。因而也就懂得了变通，一旦败露立刻改口献刀。失去生命，一切又从何谈起？他的变通有执著的强硬，更有人生的睿智。

练就这样的智慧，会让我们的执著锦上添花，也才会有更加执著地迈出下一步的力量。只有执著的人生是单调而清苦的，守得云开见日明的日子会显得是那样的遥遥无期；只有变通的人生是摇摆而蹉跎的，碌碌无为也是其必然的结果。所以，若想在大浪淘沙的历史中不须臾、不空洞，我们就必须学会执著与变通的结合。

成功者没有固定的模式。他们根据事情的需要采用变通的方法，使自己的行为"合于时宜"，而不是逆潮流而动。就如同行船一样，逆水行船，不如顺风扬帆。正如古人所说："五行妙用，难逃一理之中；进退存亡，要识变通之道。"

梁启超与谭嗣同均为中国近代改良派的政治家，却有着不一样的人生。

在要求变革的人民支持下，他们一同"公车上书"，倡导"维新变法"。但谭嗣同以身殉道，年仅33岁，而梁启超却在看到君主立宪制无法实施的历史环境下，"见风使舵"，顺应了革命潮流，毅然投身于革命的洪流当中，著书立说，文批袁世凯。正因为他"见风使舵"的变通，才能继续为革命事业而奋斗，并成为近代不可多得的文学家，并有《饮冰室文集》留传于后世。

与谭嗣同相比，梁启超为后来的革命创造了更多的财富，起到了更实际的意义。

天下之事无定法，天下之理同变通。客观地讲，愚公移山有时并不一定就是好事，它让我们守匿于自我旧有的偏山一隅，无法突破，更谈不上创新。违背了进化论的自然法则，终究会被历史的浪潮所淘汰。

这是不是也能给我们提供一个解决生活中某些问题的启示呢？人活于世，会遇到很多不以自身意志为转移的变化，而适应这些变化的最佳途径，就是学会自己变通。在进与退的纷争中，不妨选择有原则地变通，或许就会带来另一番天地。

《我的青春我做主》中钱小样曾这样说过："别人是撞了南墙才回头，我是撞了南墙也不回头，我绕过去。"有时，"见风使舵"也是一种放弃而后转身的智慧。"风"是一种时代潮流、一种民意，顺应潮流之风而掌控人生之舵才是明智之举。历史与社会发展的潮流是挡不住的，若想实现人生目标，就必须随着潮流的发展方向而不断改变自己；也只有这样，才不会被历史所遗弃。

见好就收,急流勇退

"飞鸟尽,良弓藏;狡兔死,走狗烹。凡物盛极必衰,只有明智者了解进退存亡之道,而不超过应有的限度。"

这是灭吴复国、功成名就之后,越王的股肱之臣范蠡对其同僚文种所说的话。纵有越王百般的威逼利诱,范蠡毅然不辞而别。果然,人走后,越王对其家人封地嘉赏,铸其金像置于案右,仿佛仍在朝议政一般。而文种却迟悟一步,当称病请辞时,已沦落到被赐当年命伍子胥自裁之剑的下场。

对待官禄不同的态度,自然也就有了两种截然的后果。

只知道进取而不懂引退,这就是《易经》"乾卦"中所说的"亢",即过分的意思。天时人事同一枢机,进取引退相同道理;当收不收、当退不退,灾难也就不远了。成就功业后及时抽身引退,这才是符合自然规律的,正所谓盛极必衰、月满则亏、水满则溢。

一味地争强好胜、奋勇斗狠,胜利了还想再赢取,登峰了还望再造极,最终的结果往往事与愿违,不仅后面的没有得到,就连前面的成果也会失去。

自然发展的规律从来都是前进与后退相互叠加式的推动,从来都没有长盛不衰之理。人生中的顺境也只是一个阶段而已,没有人可以一直走上坡路。在我们取得辉煌以后,也许接下来要面对的就是高位的盘整或是一轮下跌。若想保住胜利果实,让人生没有遗憾,就要学会在灿烂中果断地选择收场。

适时地做出一些让步,既不是无原则的屈服,更不是软弱的退却,它是在理性分析当前局势的情况下而做出的明智选择。追求成功是我们的理想,但有些人仅仅以为努力进取、奋力拼搏才可达到巅峰。俗话说:"退一步,进两步。"但凡有所成就之人,他们中的很多人恰恰是能在关键时刻急流勇退,寻找新的发展领域,才获得了更多的成就。

1999年,正是网络业春天的时候,沙正治应王志东邀请,与来自台湾的姜丰年一起共同出任新浪网的CEO。但半年后,就在这个炙手可热的位置上,沙正治全身而退。这在当时引发了外界不少的猜测。

对此,沙正治笑意融融地说:"我离开新浪并不像人们想象的那样复杂。对新浪的发展,当时我们只是想法不同,就像开药方,一个是中医,一个是西医。我个人脾气非常好,不会等到产生不快后才离开。"

尽管身处成就的巅峰,然而一旦感觉不适,便不会苦苦撑持。这便是沙正治的性格。

退出新浪网后,沙正治开始投身风险投资业,担任了多家风险投资公司合伙负责人、联会主席或董事长。他认为自己的分析能力很强,善于预测两三年后的情况,因此择善而从,终究又闯出一番属于自己的新天地。

显然,对这些成功人士来说,他们着眼的决非一时一地的成就,而是总在选择最能发挥自己个性、展示自身能力的机会。他们从来不会囿于一时的成功,不会迟钝到在一个位置磨蚀自己的兴趣和热情。往往,总是在别人想象不到的时候急流勇退,去追求一种全新的成功。

在体育界,也有很多这样功成身退的例子。一些体育健将们取得了辉煌的成绩后,主动选择离开,不仅锁定了以往的胜利,也为自己开拓了更大的空间,女排教练郎平就是如此。

郎平的体育生涯可谓十分精彩,除了在世锦赛上和队友一起拿过五连冠,其他的冠军头衔更是数不胜数。她不仅是国家体委授予的运动健将,还是全国十佳运动员。

1987年,从国家队退役的郎平进行了她人生的第一个华丽转身:选择去美国留学。初到美国时,为了挣学费,她加盟了意大利甲A排球俱乐部摩迪那队,成为登陆意大利排坛的第一个中国人。而后十几年,她先后收到很多国家队的邀请，担任教练。最为辉煌的就是 2005 年应美国排协之邀，指教于美国女排。在她精心的指导下，美国队拿到了 2008 年北京奥运会的入场券，并且在最后的决赛中取得了亚军。

就在她再一次享誉世界排坛之时，她再一次选择了人生某一阶段的"收场"：不再续约美国女排主教练职务。人到中年的郎平懂得，事业的成就已几近辉煌，接下来的生活应该把更多的时间留给家人。

郎平不仅在做球员的时候冲出了亚洲，走向了世界，做教练也是一样。在她达到事业巅峰的时候，她没有执拗于继续任教，而是转身回到了家人身边，这种功成身退需要很大的勇气和决心。很多人为此感到惋惜，但是郎平自己不会再有任何遗憾，因为她不但给自己的体育生涯画上了完美的句号，同时也开始了人生新一段旅程的精彩。

在取得成绩的时候，我们往往不能够清醒地面对自己的处境；一味地留恋并不会让成功延续下去，这时的抽身而退是一种识时务的保全，更是一种儒雅的旋转。若想开拓新的领域，若想不沉溺于一种味道的人生，就要懂得适时地急流勇退，掀开生命之书新的一页。

第十二章
你不勇敢，没人替你坚强

　　海明威说："世界击倒每一个人，之后，许多人在心碎之处坚强起来。"成功者不在于跌倒的次数有多少，只在于总是比跌倒的次数多站起来一次；不在于没有失败，只在于决不被失败所击倒。

　　只有在经历了痛苦与折磨后，我们才能真正成熟起来；只有超越了痛苦，才能真正成就自己。

面对挫折,希望是最强的力量

"抚着脸上的泪痕/我知道/你们能行的/有那么多希望和梦想支撑着/死神终将被打败/即使满眼泪水/也不放弃希望"。

这是"5.12"汶川地震后,一位诗人向灾区同胞表达的深切情意。

人的力量大体可以分为两部分,一部分是来自生理上的力量,另外一部分就是心理上的。只要心中还有希望,就还有力量,就能坚持下去。甚至可以说,只要不放弃希望,就会出现奇迹。奇迹并非来源于它本身的条件,而是取决于我们对生命的渴望和不放弃的信心。只要坚持不放弃,下一秒钟就会有希望。

地震发生时,40多岁的张晓平正在位于都江堰市某街道附近一处楼房的一楼家里。

一块预制板斜着掉了下来,正砸在张晓平的两个膝盖上,房屋的墙壁开始坍塌,倒了下来。结果,倒下来的墙壁和斜着砸下来的预制板抵在了一起,形成了30度角。预制板靠地面的一头,死死压住了张晓平的膝盖,让他动弹不得。

然而,对生活的希望让张晓平没有放弃这即使是在30度角下的生机,一撑就是4天4夜。消防官兵曾试图分别从楼房的上层和侧面打穿出一条通道,结果打通后却发现,张晓平容身的空间非常狭小,根本没办法进一步施救。

在废墟里坚持了近125个小时的张晓平,即使救援人员每隔一小时就给他喂一次流质食物,但他的身体仍然越来越虚弱了。最后,在要腿还是要命的抉择中,他发出最后一点细微的声音:要命。

最终，两位医生冒着生命危险进入洞口，给张晓平做了截肢手术。在被困129个小时后，张晓平被从一个狭小的洞口中活着运送了出来。

为什么在地震中被困的人们甚至可以坚守上百个小时后而重见光明？为什么被医生认定活不过数月的人却活过了 5 年、10 年？当他们生命垂危时，就有一种精神力量支持着他们，这种精神的力量和积极的心态，以及内心对一个好结果的希望，正是他们能坚持更长时间的根本原因。

正是因为有希望在前方闪着光芒，生命的意志才变得无比坚强而不可战胜，这就是希望的力量。在挫折面前，希望是让我们继续走下去的最有力的支撑。就像一生致力于改变南非种族隔离体制的图图大主教所说："没有不可转变的情况。没有绝望的人。没有一种命运，会在最深刻的爱的激励下还保持原貌。"

电影《肖申克的救赎》里主人公安迪说："怯懦囚禁人的灵魂，希望才可感受自由。"在最易磨灭希望的监狱里，安迪用各种方式提醒着自己和身边的人们：这世上还有无法用高墙铁栏围起的地方，是任何人都无法随意触摸的，这便是存于每一个人心底的希望！只要有希望，一切就都有可能。

6 年里，安迪每周给州长写一封信，希望得到捐助扩建图书馆。开始人人都说不可能，但他最终建成了全美最大的监狱图书馆，让囚犯们享受着音乐的洗礼，接触到外界的知识。在辅导年轻囚犯考取高中文凭时，安迪将对方揉烂的试卷从废纸篓中拾起，寄出，最终使对方获得了文凭认证。

他穷尽了 20 年，把在别人看来需要 600 年的牢墙挖穿了；忍着熏天的臭气，爬行了在别人看起来不可思议的 500 码距离。当他站在瓢泼的雨中张开双臂、享受着向往已久的自由时，我们从这个自由者的身上，只体会到一种深刻的力量——希望！

影片教会我们一句话——Hope Can Set You Free（希望让人自由）。其实，希望是一种由内向外、运足精气后的力量，它让我们笃定地相信没有什么事情是不可能实现的。无论是在怎样天塌的挫折前，还是在如此地陷的灾难中，只要默念着这个词语，心灵的温度便永远不会让生命冻伤。依赖着希望，我们每一个人在荆棘中看到的都只有一种颜色；因为被内在给予了勇气，便不再有害怕。正如拿破仑·希尔所说："幸运之神要赠给你成功的冠冕之前，往往会用逆境来严峻地考验你，看看你的耐力与勇气是否足够。"

也许，现实生活的残酷远没有电影结局所表现出来的画面那般动人，但当我们面临人生困境的时候，是绝望还是希望，却是可以从中获得的。有句话曾经触动了无数人的心："你不必害怕沉沦与堕落，只消你能不断自拔与更新。"而这种更新的基础，就是内心永远憧憬着未来的希望。它像一扇窗，在黑暗中射进光明，在软弱中给予力量；而往往雪中送炭的温暖，是最深厚而恒远的。

逃避只会让困难永远挡在你面前

枭逢鸠，鸠曰："子将安之？"

枭曰："我将东徙。"

鸠曰："何故？"

枭曰："乡人皆恶我鸣，以故东徙。"

鸠曰："子能更鸣，可矣；不能更鸣，东徙，犹恶子之声。"

枭在面临"乡人恶我鸣"的困境时，选择了"东徙"，就等于懦弱地选择了逃避。而最终无论迁徙到何处，也都免不了"犹恶子之声"的窘局。由此我们可以看出，对于困难决不应逃避；在冷静分析下确定是否应该改进自己，从而直面困难，最终克服。

人生长路从来就不是一条坦途，其中总会有一些大大小小的"石块"挡住去路。面对这些石块，有人选择绕道而行，而有人则会不断积蓄力量，移走石块,朝目标继续前进。

选择前者的人,虽然当时好似得到了顺利,却没有意识到自己离初定的目标已经越来越远。当一座大山再次挡在面前而再也无路可退时,才会发现自己是那么渺小。因为没有平时的积累,面对困难,只能束手无策。就像唐后主李煜,我们在这里姑且不论其在诗词方面的造诣,单就治国而言,他的所作所为又怎能不让人大失所望:面对宋军的入侵,他怯懦地选择逃避、退缩、妥协,于是有了"江南国主"的卑贱自称,有了开封受尽屈辱的违命侯,有了天下百姓的罹苦遭难。而最终,当一杯毒酒摆在眼前时,他便再也无处逃避,只能选择面对,面对即将到来的死亡。

而选择后者的人,就像鲁迅先生的经典之言:"真正的勇士,敢于直面惨淡的人生。"狭路相逢勇者胜。当困难把他们逼到一个狭小的角落里时,勇士们不逃避、不退缩,战胜了挡在面前的"纸老虎";而这块绊脚石也将变为助之起飞的高台。

电视剧《亮剑》的主人公李云龙曾说过这样一句被传遍大街小巷的话:"面对强大的敌手,明知不敌也要毅然亮剑。即使倒下,也要成为一座山、一道岭。"这也是这位"战神"将军一生的写照。

平安县的那一战,山本率领着他的特种部队袭击了李云龙的指挥所,赵家峪的百姓全部惨遭屠杀,赵政委也被敌人打伤了。面对着敌人武装到牙齿的重武器,他没有丝毫的退却。到达安全地区后,李云龙随即命令通讯班通知各营、连、排迅速归队,投入到攻打平安县城的行动中。当山本拿出刚刚成为新娘的秀芹作为城门的最后一块挡箭牌时,李云龙毅然放下了儿女私情,用土炮轰击城门,终于攻下了平安县城。

李云龙用自己的亮剑精神诠释了我们的军魂,面对敌人,敢于亮剑,敢于与敌人拼搏,敢于战争到底,凭借着这个精神而一步步走向强大。

"剑锋所指,所向披靡",这是何等的气魄!只有勇者才敢于在面对艰难困苦时说出此等决绝之语,做出这般伟岸之举。直面困难,是克服困难的第一步。直面困难,就是要直接与它交锋,并采取适时的战略战术与之交战,冲破阻碍、踏过羁绊,最终获得光明。

遇到困难时,逃避只会让我们暂时看不到它,实际上,困难还在幕后积累力量,等到了关键的时候再跑出来,给予致命一击。因此,正确的心态应该是像拔掉钉子一样直面困难,然后逐一分解。

直面困境的勇者,靠的不仅仅是一身蛮气,更多的是一种在实践中积累出的大智慧。他们常常在"与敌作战"的时候产生出新的战法,具体问题具体分析,这也是他们敢于直面的基础。所以,我们不仅要有直面困难的胆魄,还必须从困难中汲取经验,踩着它的肩膀,在困难中前进。遇到困难就气馁自然不是铮铮铁骨的表现;而死钻牛角尖、不从困难中获取灵感的人也难以取得成功。

雅典奥运会上的女排决赛给全世界的人们留下了极为深刻的印象。中国女排在连输两局的不利条件下,并没有被困难和失败吓倒。她们在教练组的带领下,笑对困难,迅速调整状态,摆脱了压力所带来的影响,研究出了破敌的对策。在此之后,进攻变得更加凌厉,防守更加稳固,放手一搏,连扳三局。终于在时隔20年之后,再次获得了奥运冠军。

女排姑娘们面对困难和失败时,不仅没有放弃和气馁,而且还能在巨大的压力下冷静、迅速地调整,从中汲取经验和教训,最终取得了胜利。

我们必须知道,困难是一种客观存在,并不以人的意志为转移。就像失败乃成功之母一样,困难也是成功的必经之路。它是凤凰飞升前的涅槃,是"苦其心志,劳其筋骨"的磨难。没有困难的考验,取得的成功也不够完美;反之,正是因为有了挫折之美,来之不易的成功才尤为可贵。

有这样一种说法:这世上的苦难都被佛祖化成了一粒粒沙,而我们是河底的蚌。如果为了逃避痛苦而将蚌壳紧闭,那么一颗珍珠都不会结出;只有敢于迎接大的沙粒,最终的珍珠才会晶莹剔透。

失败是失，也是得

英国有一位叫约翰·克里西的作家，年轻时勤奋写作，但得到的却是接二连三的沉重打击：743封退稿信。在如此打击后，他是怎样来面对的呢？

他说："不错，我正在承受人们所不敢相信的大量失败的考验。如果我就此罢休，所有的退稿信都变得毫无意义。然而我一旦获得了成功，每一封退稿信的价值都将全部进行重新计算。"

所谓失败，仅仅是失去了这一次达成目标的机会，但同时也得到了排除错误的一个宝贵信息。我们可以败在经验、败在技巧上，但决不能败在心志和信仰上。意志力坚强的人懂得在失败中培养自己的恒心和毅力，并将它变成一种习惯，以至于在今后的人生长途中，无论遭受多少挫折，仍有坚持朝成功顶端迈进，直至抵达为止的力量。

从另外一个角度来看，生命里程中永远存在着的障碍，不会因为我们的忽视或逃避而消失。没有巨石当道，怎能激起灿烂的浪花？无论我们遭遇身体或情绪上怎样的创痛，最要紧的是能够在创痛中寻找出意义。

英国《泰晤士报》前总编辑哈罗德·埃文斯一生中曾经历过无数次失败，其中包括他在20世纪80年代中期对《泰晤士报》进行改革的失败。但他却从未在失败中沉沦。他说："对我来说，一个人是否会在失败中沉沦，主要取决于他是否能够把握自己的失败。每个人或多或少都经历过失败，因而失败是一件十分正常的事情。你想要取得成功，就必得以失败为阶梯。换言之，成功包含着失败。关于失败，我想说的唯一的一句话就是：失败是有价值的。因此，面对失败，正确的做法是：首先要勇于正视失败，然后找出失败的真正原因，树立战胜失败的信心，以坚强的意志鼓励自己一步步走出败局，走向辉煌。"

往往,那些经得起失败考验的人们常常以其恒心和耐力而获酬甚丰。作为吃苦耐劳、坚韧不拔的回馈,不论他们所追求的是怎样高远的目标,都能如愿以偿。更重要的是,他们还将得到比物质报酬更为可贵的经验:"每一次失败都伴随着一颗同等利益的成功种子。"

最伟大的发明家托马斯·爱迪生,对于失败有着自己独特的理解,否则也不会有那千万次的"尝试"。

在爱迪生的发明中,遇到困难最多、耗费时间最长的要算是蓄电池了。他一共花费了 15 年的时间才研制成功,在这个试验中共失败了 5 万多次。当所有人都灰心丧气时,他却乐观地说:"我想,'自然'它并不是无情的,它一定不会永远深藏着蓄电池的秘密。"终于,他成功了!他的蓄电池被用于火车、轮船上,成为发电厂的电力,甚至直到今天人们还在使用这种蓄电池。

在研制白炽灯时,尝试了上千种材料,均告失败。有人嘲笑他说:"你永远不会成功。"爱迪生不为所动,沉下心、废寝忘食地坚持进行研究。他将每一次失败都视为又一个不可行方法的减少,而确信自己向成功又迈进了一步。

终于,他成功研制出世界上第一盏电灯,给自然界带来了光明。而他的名字也熠熠生辉地烙印在史册上,经岁月流洗而不褪色,盛名流传至今。是爱迪生对于人生中挫折持有的罕见精神,让他创造了非凡的成就。

当我们因为某件事而受到挫折时,不妨想想爱迪生在给整个世界带来光明前,那千万次的失败。爱迪生的坚韧不拔在于:他知道有价值的事物是不会轻易取得的;若真的能不经历失败就一次成功,那么也许人人都可以做到了。正是因为他能坚持到一般人认为早该放弃的时候,才会发明出许多当时的科学家想不可企及的东西。

真正的勇士,敢于直面淋漓的鲜血和惨淡的人生。华罗庚曾说过:"只有在逆境中挣扎过、奋争过的人才可以说无愧于人生。"知难而上、挑战挫折,是我们应该具备的精神。因为在这个过程中,让我们看清了在通往目标的道路上必须加以征服、超越的自我。每一次失败后的重生就是为了最终的胜利而排除了又一个否定的因素，是为了不断修正和蜕变的一种积累。如此看来，失败又何尝不是一种得到呢？

吃得苦中苦，方为人上人

我国民间有一个习俗：一个孩子刚刚生下来时，喂养的不是纯净水，也不是母乳，而是大黄！然后，逐渐喂以甘草汁，最后才进入正常喂食的哺乳过程。

听老人说，这里包含着一定的人生哲理：要想尝到甜，就要先知道苦的滋味，先苦后甜。因为，从某种意义上来说，"苦"是客观存在的，吃苦是一生中无法避免的。所以，要从出生开始，就给生命一个无限韧性和耐力的意识；也就是说，只要拥有吃苦耐劳的个性，外界任何的困难都无法阻挡我们前进的脚步。

一个苦难，就是一级新的台阶，只要愿意，任何一个障碍都会成为一个超越自我的契机。在人生的路上，无论我们走得多么顺利，只要稍微遇上一丁点儿的不顺利，就会习惯性地抱怨，进而祈求上苍赐给我们更多的力量，帮助我们渡过难关。但实际上，老天是最公平的，每个困境都有其存在的正面价值。

苦难是催人奋进的源泉。"自古英雄多磨难，从来纨绔少人杰。"李嘉诚曾经说过："一个人只有面对和忍受逆境带来的痛苦，这个人成功的机遇才能表现出来。很多人要是没有遇到逆境，他们是不会发现自己的强项的。"身处逆境，吃的苦本身就要比别人多。然而，"苦"则思变，苦难就会成为摆脱困境、奋力崛起的动力。

"吃得苦中苦，方为人上人。"这句流传千百年的至理名言告诉我们一个这样的道理：吃苦耐劳是成功的秘诀。苦吃惯了，味蕾便不再觉得苦涩。遇到危机能泰然处之，遇到挫折也能积极进取。

王永庆，从一个米店的小学徒，历经苦难，一步步发迹，成为闻名世界的"塑料大王"。他的成功就说明了：但凡能吃苦耐劳的人，很少有无所建树的。

王永庆小时候家里十分贫穷，由于他在兄妹中排行老大，从小就担负着繁重的家务。6岁起，每天一大早就起床，赤脚担着水桶，一步步爬上屋后两百多级的小山坡，再赶到山下的水潭里去汲水，然后从原路再挑回家，一天要往返五六趟，十分辛苦。

小学毕业后，为了维持一家人的生计，王永庆没有继续去上初中，而是来到嘉义一家米店当学徒。干了大概一年的时间，父亲见小永庆有独立创业的潜能，就向亲戚朋友借了两百块钱，帮他开了一家米店。

米店虽小，但对于王永庆而言，这是他人生中第一家自己的"产业"，所以经营起来特别精心。为了建立客户关系，他用心盘算每家用米的消耗量。当他估计某家的米差不多快吃完的时候，就主动将米送到顾客家里。这种周到的服务一方面确保那些老主顾家里从来不会断米，另一方面也给顾客提供了方便。尤其那些老弱病残的顾客更是感激不尽，自从在王永庆的米店买过米后，就再也没到别家去过。

王永庆的胸怀大志让他并不满足于单独卖米。为增加利润，他减少了从碾米厂进货这一中间环节，添置了碾米设备，自己碾米卖。在王永庆经营米店的同时，他的隔壁有一家日本人经营的碾米厂，一般到了下午5点钟就要停工休息，但王永庆则一直工作到晚上10点半，结果可想而知，日本人的业绩总落后于王永庆。

正是由于从小培养的吃苦耐劳精神，后来在经营台塑企业时，王永庆便得心应手。即使遭遇挫折，也能坦然面对。如今的王永庆深有体会地说："对我而言，挫折等于是提醒我某些地方疏忽犯错了，必须进行理性分析，并作为下次处世的参考与借鉴。这样便能以正确的态度面对人生所不能忍的挫折，并从中获益，挫折的杀伤力就等于锐减了一半。因此，我成功的秘诀就是4个字——吃苦耐劳。"

海明威曾说："生活总是让我们遍体鳞伤，但到后来，那些受伤的地方一定会变成我们最强壮的地方。"正在经历的苦难或许正孕育着未来的希望,过去的创伤或许正是我们应对生存危机的力量。不愿吃苦、不能吃苦、不敢吃苦的人,往往要苦一辈子。与其怨天尤人,不如将打击变为促人上进的催化剂,助我们向成功的巅峰迈进。

如果能忍受一般人忍不了的痛,吃一般人吃不了的苦,想一般人想不到的事,坚持一般人坚持不了的信念,那么终究有一天会走出困境、享受人生。历经并能承受无数苦难的人,才能不断提高自身能力,成就一生的伟业。

屡战屡败,屡败屡战

作为开国皇帝,和李世民、朱元璋相比,刘邦在军事上的才略着实相差甚远。但刘邦屡战屡败,屡败屡战,却为后世树立了值得称颂的典范。

刘邦曾数败于项羽,而且打败仗不但丢脸,还很危险。有一次在敌兵追逼之下,刘邦差点儿丢了性命,还有一次是由于别人替死才幸免于难。鸿门宴上若非项羽大发妇人之仁,一缕阴魂早已飘落黄泉。在楚汉相争的动荡年代,刘邦留给人们的印象就是,一直在挨打、一直在逃跑。在项羽巨大身影的笼罩下,刘邦是那样的卑弱可怜。

然而,积极豁达的心态使刘邦承受住了屡战屡败的打击。他不但没有消沉气馁、一蹶不振,失败的耻辱反而激起了他更大的斗志。死亡的威胁与对手的挑战,把刘邦的潜能最大限度地激发了出来。正是在与强敌的殊死较量中,刘邦才成功地实现了自我超越,最终垓下一战,四面楚歌的项羽以自刎把江山拱手于刘邦。

"人生下来不是为了被打败,一个人可以被毁灭,但不可以被打败。"刘邦多像海明威笔下那个同大海搏斗的倔强老者。作为大汉王朝的缔造者,刘邦对汉民族的形成与发展做出了不可磨灭的重大贡献,以屡败屡战的不屈意志留下了宝贵的精神财富。

顺风好走路，逆水难行船，多少人一下子摔倒之后便再也爬不起来，但他们同时也就没有了改变的空间。成功的人不是从未被击倒过，而是在被击倒后还能够积极地往成功之路不断迈进。跌倒了再爬起来，这才是能够在不断突破中实现自我的人生态度。也唯有那些遇挫奋起、知耻后勇，拥有强大内心的人，才会在抗击挫折的过程中把荆棘小路铺就成一条鲜花大道。

"屡败屡战"这个让人奋起的词语，起初还是来自于它的反义词——屡战屡败。故事还要从清朝名臣曾国藩组建湘军、出战太平军说起。

曾国藩新组建的这支新军大都是以其家乡的练勇为基础，招募的士兵多为质朴的农民，以当地儒生为军官，不曾受过正规的军事训练，故而两军初战时，湘军在岳州、靖港就连战连败。

曾国藩痛不欲生，试图投水自杀，被部下救起。

痛定思痛后，曾国藩重整旗鼓，后攻占武昌重镇，奉诏任湖北巡抚。其后，曾国藩率水师进攻九江、湖口。却不曾想被石达开率领的救兵诱入鄱阳湖，使之成为"无翼之鸟、无足之虫"，遂用火攻。果然，湘军水师的数十艘大船被毁，曾国藩率残部狼狈退至九江以西，其座船也被太平军围困。曾国藩第二次投水自杀，被随从捞起，只得退守南昌。

其间，曾国藩因指挥湘军与敌交战无功，在给朝廷的奏章中用了"屡战屡败"之语。

然而，最后远在京都的皇帝与重臣们读到的却是"屡败屡战"。满篇陈奏虽悲壮却精神振奋，气度朗朗朝日。

原来，是曾国藩的部下李元度见到最初的折子，建议改为"屡败屡战"，字无不同，但顺序如此一倒，则满篇精神大变，境界也就大不一样。

果然，朝廷读完呈上来的奏章，只觉曾国藩及其率领的湘军精神可嘉，不觉其屡屡失败有罪。

更重要的是，正因为具有百折不挠的精神，屡败屡战，总结教训，才使湘军不断地走出逆境,不断地积小胜为大胜。曾国藩终率领湘军会同左宗棠、李鸿章等指挥的部队,逐渐实现了对太平天国"天京"的战略包围,并在同治三年 6 月攻破了天京,取得了最终胜利。

"屡战屡败",突出的是一个"败"字,说明战者无能、次次战败,让人产生对其能力的极大怀疑;而"屡败屡战"突出的是一个"战"字,说明战者勇猛,次次战败但却次次卷土重来、不肯认输。

跌倒并不可怕,只要决心和毅力不倒,一切都有东山再起的可能。只要我们能敢于接受失败,敢于从跌倒处站起来,那么我们就会在这屡败屡战的过程中,斗志变得一次比一次更强大。

要想把自己变成一名真正的强者,就不要整日忧心忡忡,不要总强调"我已经失败了"的信息,而是更多地扪心自问"下一步应该干什么";把每一次挫折都当成对自己意志和恒心的磨炼和提升。如此,披荆斩棘的勇气就会逐渐增强,于是也就有了另一番不同的景象。

逆境中，只有自救才是最实际的

拿破仑在一次去郊外打猎的途中，突然听见不远处的河里有人喊救命，便快步走到河边。只见一个男子在水中拼命扑腾、呼喊挣扎。

拿破仑看了看，觉得这河并不宽。随即，他不但没有跳下河去救人的意思，反而端起猎枪，对准落水者大声喊道："你若再不自己游上来，我就把你打死在水里！"

那人见求救无望，反而更添一层危险，便只好奋力自救，终于游到了岸边。

身边的随从脸色不禁有些难看，小声嘟囔着："这也太残忍了！连一点儿爱心都没有。"

此时，拿破仑收起了厉色的威严，转而心平气和地对随从说："我之所以拿枪逼迫让他自己游上岸来，是想告诉他，自己的生命本就应该自己负责。"

在漫漫的人生旅途中，谁都难免陷入各种危机中，而人们下意识的反应大都会是求助。这时，外因最多也只是一个充分的条件，内因才是起主导作用的；与其求助于他人，不如自己帮助自己。因为在这个过程中，不但自身得到了拯救，而且各种生存的技能也有了锻炼，这种改变是自救更高层次的意义。

是的，唯有在逆境中懂得自救的人，方能在今后昂首挺胸地走过人生之河。就像《鲁宾逊漂流记》和《汤姆·索亚历险记》中的主人公，都是在身陷绝境的情况下，依旧冷静下来自己寻找"出口"，坚持不懈地努力，最终摆脱困境。

其实，我们都有可能掉入人生的"枯井"之中，所遭遇的种种困难和挫折就是外界加诸在身上的"泥沙"。与其悽惨地号叫、抱怨命运的不公或是渴望他人的怜悯和帮助，不如换个角度来看，把它们当做是一块块的垫脚石。只要坚持不懈地将它们抖落掉，然后站上去，那么即使是掉落到最深的井里，我们也依然能走出枯竭之境。

从更广义的范围上来说，自救也是"物竞天择，适者生存"的自然要求。如果适应不了大环境，最终只能像几亿年前的恐龙那样被淘汰。也就是说，自救是一个不断改变、进化的过程：在审时度势的基础上，最大限度地与周围的事物、人或自然去磨合，扼住"求生点"，从而转换局势。从适应环境到利用环境，自救的门道也就算是炉火纯青了。

我们总说，每个人遇到各种苦难或厄运的几率是相同的，不同的是各自对待困境的态度。坚忍不拔的信念和希望让人们创造出奇迹，他们深知身处逆境的第一时间，救世主只有也必须是自己。

2008 年 5 月 12 日的四川，没有人会忘记。

5 月 16 日下午 5 点，在北川县城核心现场，有一股从背后深山逃出的人流。他们的眼神充满了对亲人的依恋，生怕再次分开。其中就有一对兄妹俩。11 岁的张吉万背着 3 岁半的妹妹张韩，非常吃力地走着。同行的爷爷、奶奶已经老了，父母在外打工，小吉万就勇敢地担负起小男子汉的责任。早上 5 点出发，一直走了 12 个小时还没停。途中，小吉万对家人说，他很爱妹妹。

此外，北川女子龚天秀砸腿、喝血，亲手锯腿，被困 3 天后获救。

还有，初三学生马健双手刨挖 4 个小时，从废墟中救出女同学。

……

还有太多在四川地震中自救互救的英雄们，他们没有等、没有放弃，抱着笃定要活下去的念头，冷静而坚强，在困境中自救，用智慧和勇气保护和挽救了自己与他人的生命。

积极的人决不会坐失对自己有用的手段或机会。他会最大限度地利用一切可调动的资源和条件。他会在看起来似乎毫无希望的时候发现生机，从而化险为夷、转逆为顺。大自然可以给我们的，除了困境，还有困境中积极的生活态度。

遇到困境，总是环顾左右、希望别人拉一把的人，也许能较快地逃离暂时的不幸,但在不远的前方还有多少困境,谁也无法预料。他们一旦失去外界的援助,大多在困境中不能自拔,甚至自甘堕落。而在逆境中懂得自救的人,也许在苦痛中煎熬的时间会长一些,但他们从中锻炼并增强了战胜困难的信心和勇气,当再一次身逢逆境时,就能变得从容而机智。

永远不要放弃反败为胜的机会

美国前总统罗斯福在和家人打桥牌的时候,抓到不好的牌就摔掉。

罗斯福的妈妈把牌摊开,对他说:"你看,我的牌并不比你的好,但我很冷静地去把手上的牌打好。而你老摔牌,其实就已经输了一半。"

只要有改变既有思维的意愿,便随时都会有翻身的机会。总是摔牌,其实就已经输了一半;那么换个角度想,若能沉着面对牌局,又何尝不是赢得了先机呢?

临床心理学家西比尔·沃林和她的丈夫——精神病医生史蒂文,对一些在童年时期饱受苦难的人做了大量采访,进而发现这些人在成年后大都健康能干。由此,他们认为:"我们的文化极其重视人的弱点,但是对人的回弹力或潜能却认识不足。我同意他们的观点。我们应该重视研究那些能够帮助人们在困难时刻应对挑战的内在能量。然而,大多数人,包括那些经历过极大痛苦的人都在困难时刻表现出回弹力,即恢复到某种'新正常'状态的能力。"

这种被史蒂文夫妇称为"超越回弹的心理复原力"和过去的正常状态有很大的不同。具体看来,当"命运之轮"带我们走过一个循环之后,我们并不是回到原来的出发点。有些人发生了很大的变化,他们获得了精神上的启迪,变得更加有智慧、有爱心,更加自信。这些人已经超越了回弹,像凤凰涅槃那样从火焰中获得了新生。

正如本田公司创始人本田在他的传记中写到的那样："我的人生就是失败的连续。"这个世界上没有人不曾失败过，不是一些人，也不是大多数人，而是每一个人都体会过失败的痛苦与挣扎。区别就在于胜利者没有放弃被击倒后再次站起来的机会，因为谁都无法预料，改变是否就会在下一次的尝试中发生，无论对于事情本身的走向，还是对于自身。

1832年，有一个美国人，和千万个遭受大时代背景冲击的国民一样，失去了他赖以生存的工作。这让他备感伤心，遂决定改行从政，参加州议员的选举。糟糕的是，竞选也没有成功。一年里连续遭受两次打击，这对他来说，几乎可以算得上是灭顶之灾了。

后来，他着手开办自己的企业，可是不到一年，这家企业就倒闭了。此后几年里，他不得不为偿还债务而到处奔波，历尽磨难。

1850年，他再次参加竞选州议员，终于当选。他内心升起一丝希望，认定生活有了转机："可能我可以成功了！"第二年，他与一位美丽的姑娘订了婚。可谁曾想，生活从来对他都是那样残酷：离结婚的日期还有几个月的时候，未婚妻却不幸去世了。这对他的精神打击太大了，他心力交瘁，数月卧床不起，因此患上了神经衰弱症。

1852年，当感到自己身体渐渐康复过来的时候，他决定竞选美国国会议员——这一次，他仍然名落孙山。

他似乎已经习惯了生命中的挫折和失败，不但没有放弃尝试，反而在3年后再度参加竞选。他信心满满地认为自己争取作为国会议员的表现是出色的，相信选民会选举他。可是结果终究让他大失所望。

为了挣回竞选中花销的一大笔钱，他向州政府申请担任本州的土地官员。不久后，收到了州政府退回的申请报告，上面的批文是："本州的土地官员要求具有卓越的才能、超常的智慧，你的申请未能满足这些要求。"

在他一生经历的 11 次较大事件中，只成功了两次，然后又是一连串的碰壁，可是他始终没有停止自己的追求，没有放弃自己主宰命运的权利。终于，1860 年他当选为美国总统。

他，就是后来在美国历史上解放黑奴、结束南北战争、创造丰功伟绩的亚伯拉罕·林肯。

林肯有许多承认失败的理由，但他没有退却、没有逃跑，他坚持着、奋斗着。他从来就没有想过要放弃努力，因为他不愿放弃下一次的机会。所以，他成功了。

其实，林肯遇到过的"敌人"我们都曾遇到过，不是别人，就是我们自己。放弃尝试则意味着放弃希望，放弃改变的可能性。只要击倒后可以选择重新站起来的身姿，就并非是最糟糕的失败。

海明威说："世界击倒每一个人，之后，许多人在心碎之处坚强起来。"成功者不在于跌倒的次数有多少，只在于总是比跌倒的次数多站起来一次；不在于没有失败，只在于决不被失败所击倒。

第十三章
不断进取，从平凡到卓越的升华

生命本身就是一个不断进取的过程。进取人生，就是把人固有的发展需求尽可能地释放出来，在发展中找到自己的价值以及生存的意义。

在高速发展的今天，我们每时每刻都面临着各种机遇和挑战。所谓"逆水行舟，不进则退"，只有上下求索、积极进取，方能在不断的超越中展现生命的辉煌。

在生活的熔炉里经受磨炼，才会有挑战的希望

慧能，原本一介樵夫，幼年丧父，家境贫寒，靠打柴而赡养母亲，苦苦度日。青年时，慧能受佛教义理的吸引，不远千里来到湖北黄梅，拜师学佛，在寺庙中担负起担水、劈柴、踏碓、舂米等杂役。在此过程中，因个小身轻，慧能便在自己腰上绑系了一块重达60多斤的坠腰石头，借以起重碓头。

经历了人生种种艰苦逆境的磨炼之后，慧能的韧劲、耐性、毅力和佛学知识都获得了很大的提高。数月的杂役劳苦后，终以著名的求法偈"菩提本无树，明镜亦非台；本来无一物，何处惹尘埃"赢得了祖师的传法。

后来，慧能创立了中国化的佛教宗派——禅宗，记录了他讲法内容的典籍《坛经》，是中国佛教界历代高人达士所写的无数作品中唯一被尊称为"经"的典籍。慧能终生未进学堂，却在困苦的磨炼中成就了自身非凡的领悟能力，促成了万世的功业。

法国大文豪巴尔扎克说过："不幸，是天才的晋身之阶、是信徒的洗礼之水、是强者的无价之宝、是弱者的无底深渊。"

这话的意思是：逆境与挫折是对人生的挑战，可以锻炼和增强我们的意志力。在战胜困窘和逆境的过程中，就经受住了挑战，迎接到了新的希望。

生活有时就像一个大熔炉，经过烈火的煅烧后，有人变得软弱，有人变得坚强，有人虽熔化了但却流芳千古。就像有句话所说："在上帝面前，每一个生命都是平等的。"普天之下的每一个人都是他的宠儿，不偏不倚。面对不佳的际遇、一时的坎坷，或抱怨命运的不公、上帝的捉弄，或正视自己，冷静地反省内心。一块足以让人一目了然的金子必将是经过熔炼后才能发出熠熠的光辉，这时的出炉便也是一种功到自然成的结果。

有一个女孩像温室里的花朵一样，稍有不如意就哀声叹气。身为著名厨师

这辈子
你该如何
改变自己

的父亲把女儿带进了厨房,一堂"生活实践课"从此改变了女儿。

父亲把3个同样大小的锅里装满一样多的水,然后将一根胡萝卜、一个生鸡蛋和一把咖啡豆分别放进不同的锅中,再把锅放到火力一样大的3个炉子上去烧。

不到半个小时,在女儿的疑惑中,厨师将煮好的胡萝卜和鸡蛋放在了盘子里,将咖啡倒进了杯子。他指着盘子和杯子,微笑着询问女儿:"孩子,说说看,你见到了什么?"

"当然是胡萝卜、鸡蛋和咖啡了。"女儿一头雾水。

"那么,你再来摸摸或用嘴唇感受一下这3样东西的变化吧!"女儿虽然疑惑不解,但还是照做了。

这时,厨师不再微笑,却十分严肃地看着女儿说:"你看见的这3样东西是在一样大的锅里、一样多的水里、一样热的火上,用一样多的时间煮过的。可它们的反应却迥然不同:胡萝卜生的时候是硬的,煮完后却变得绵软如泥;生鸡蛋是那样的脆弱,蛋壳一碰就会碎,可是煮过后连蛋白都变硬了;咖啡豆没煮之前也是很硬的,虽然在煮过一会儿后变软了,但它的香气和味道却溶进了水里,变成了香醇的咖啡。"

听了父亲的话,女儿似乎仍然不解其意,一脸茫然。

厨师接着说:"孩子,面对生活的煎熬,你是像胡萝卜那样变得软弱无力,还是如鸡蛋一样变硬变强,抑或像一把咖啡豆,身受损却不断向四周散发出香气,用美好的感情来感染周围所有的人?简而言之,生活中的强者会让自己和周围的一切变得更加美好而富有意义。"

一番话后,女儿终于明白了父亲的良苦用心,从此再也没有对生活消极怠慢过,而是坚强乐观地去接受一切考验。

生活的熔炉里,温度各异、色彩纷呈;面对不幸与潦倒,怨天尤人、自暴自弃只是沿袭了旧有的退却,若想拥有一片不一样的天空,就应该不断捕捉生命的

·257·

智慧,学会勇敢和坚强;始终如一地奋勇努力,直至磨砺出生命的真金。

人逢于世,遭遇凄风苦雨实属自然;没有始终不惊的大海,也没有永远平坦的大道。纵使惊涛骇浪,纵使沟壑纵横,经得住、跨得出,人生也就变得丰富而多彩。璞玉需要精心打磨才能晶莹光亮,生命也需要锤炼方能饱满厚重;这是一种挑战,更是某种希望。

现实中,如果把一切苦难的磨炼都想象成生活中理所当然的一部分,便不再那么难以接受,反而以乐观的态度将其变成美好未来的前奏。

其实,不仅是在我们大千凡人的世界里充满磨难,连芸芸众生的自然界中也都暗存着这样的规律。要不,怎会有"宝剑锋从磨砺出,梅花香自苦寒来"的旷古流传呢?从积极的角度去看,风雨,是成长的助推剂;挫折,是前进的发动机。我们只有在磨砺中才可能锻造出锋利的宝剑,只有在敲打中才能铸就坚硬的钢材。再进一步说,磨难,不仅要"经得起",更要主动去"迎接",这样,在挺胸昂头担负人生各种挑战的同时,也就孕育出不朽的希望。

把缺陷变成一种激励,不为它长吁短叹

一位花季少女被突然袭来的灾难夺去了右臂。面对这灭顶之灾,她绝望、挣扎、呐喊,甚至失去了活下去的勇气。一只"拐杖"伸到了她的面前,她抬头,看到一双目光坚定的眼睛和失去了一条左腿的伟岸身躯。一只有力的大手伸向少女,她看到了信任、激励和关爱。当两只手触碰在一起的时候,少女心中所有的悲伤和委屈像决堤的洪水奔腾而出。两个残缺的身躯,两个同样的命运,将他们紧紧连在一起。他们就这样牵手,走向爱的港湾,走向生命的辉煌。

这是感动了亿万观众的双人舞《牵手》的剧情。而这两位舞者在现实中,一位是折翼的蝴蝶,一位是折腿的雄鹰,马丽和翟孝伟用他们超乎常人的毅力和

舞蹈天赋,向人们展示了生命的奇迹。

奥地利著名心理学家阿德勒就说过:"在生理上的不足能激起精神上的补偿。"缺陷不仅限于生理,任何的"先天不足"都能激发起人们后天超乎寻常的努力。这是一种磨难,可以把被打趴下的弱者埋藏到大海深处;但同时也是一系风帆,把敢于改变的勇者推向成功的彼岸。

人生从来就没有一帆风顺,缺陷不仅限于生理,更多的是来自生活中那些不可避免的困境。《菜根谭》中有言:"横逆困穷是锻炼豪杰的一副炉锤,能受其锻炼则身心受益,不受其锻炼则身心受损。"不合理的打击或穷困的生活,都是上天要锻炼优秀人才时所使用的打铁锤。铁锤凿凿,若能经得起种种磨难而未被打压下去,必能有益身心;反之,若予以逃避,则身心必将受损。

一个人如果身处在不如意的"缺陷"之中,往往会被逼得发愤励志,仿佛周围都是治病的针砭,尽管自身并未感觉,但事实上,自己的弱势、缺陷已经时时刻刻在接受矫治,进而在成就修为上完成了从平凡到卓越的改变。

有一个女孩无法上学,便在在家自学完中学课程。15岁时,她跟随父母,下放山东聊城农村,给孩子当起教书先生。她还自学针灸医术,为乡亲们无偿治疗。后来,她自学多门外语,还当过无线电修理工。

在残酷的命运挑战面前,她没有沮丧和沉沦,她以顽强的毅力和恒心与疾病做斗争,经受了严峻的考验,对人生充满了信心。她虽然没有机会走进校门,却发愤学习,学完了小学、中学全部课程,自学了大学英语、日语、德语和世界语,并攻读了大学和硕士研究生的课程。1983年她开始从事文学创作,先后翻译了《海边诊所》等数十万字的英语小说,编著了《向天空敞开的窗口》、《生命的追问》、《轮椅上的梦》、《绝顶》等书籍。其中《轮椅上的梦》在日本和韩国出版,而《生命的追问》出版不到半年,已重印3次,获得了全国"五个一工程"图书奖。在《生命的追问》之前,这个奖项还从没颁发给散文作品。从1983年开始,她创作和翻译的作品超过100万字。

为了对社会作出更大的贡献,她先后自学了十几种医学专著,同时向有经验的医生请教,学会了针灸等医术,为群众无偿治疗达 1 万多人次。

她就是著名作家、"当代保尔"——张海迪。

人生在世,要想有所收获,就要在遇到的每种磨难中不断地激励自己。不要轻易放弃任何与困境直面的机会,直到它成为我们前进的基石,此时的"缺陷"就是为下一刻的挑战而做的准备。

关于生理上的缺陷、关于生命和死亡,关于希望、失望和绝望,我们都可以认为会有痛苦;但同时,我们可以选择憔悴或者鲜活,可以选择留下或者走开,一切都在自己手中。强者并非体会不到缺陷的痛苦,而是他们在战胜缺陷的过程中超越了痛苦,同时也就改变并超越了自己。就像凤凰涅槃,经历烈火的煎熬和痛苦的考验,才能获得重生,并在重生中达到一种升华。

不随时"充电",终究要被"贬值"

美国著名的大提琴家麦特·海默维茨的第一次音乐会是与由梅塔担任指挥的以色列爱乐乐团演出的,那时他才 15 岁。演出立即轰动当地,受到各阶层人士的关注。

一年后,他获得了艾佛里·费瑟职业金奖。著名的德国唱片公司与他签定了独家发行其唱片的合约。之后,他更是多次获得唱片大奖、金音奖等各项著名大奖。

就在海默维茨声名大噪的时候,这位大提琴神童却突然在人们的视野中消失了 4 年,几乎让人们淡忘了他的名字。

原来,他是去哈佛大学进修了。一篇以贝多芬《第二大提琴奏鸣曲》为课题的毕业论文,在他详尽的论述之下,赢得了哈佛大学的最佳论文奖。

身处于大变革、大调整、大发展、大融合的今日,科学进步日新月异,知识更新日益加快,不抓紧时间学习,就难以跟上时代的节拍、适应工作的需要。随着新情况、新问题的不断出现，对人们知识水平、理论修养和工作能力的要求也越来越高。如果一个人停止了学习，那么很快就会"没电"，会被社会所抛弃。古之圣贤早有教导："士大夫三日不读书，则礼义不交，便觉面目可憎，语言无味。"

任何人，从事任何行业，都需要不断学习。只有随时从知识的"源头"汲取养料，生命这一汪甘泉才不会是"死水一潭"。

美国西点军校前校长米尔斯曾告诫他的毕业生们："每个人所受教育的精华部分，就是他自己教给自己的东西。"学校里获取的教育仅仅是一个开端，其价值主要在于训练思维并使其适应以后的学习和应用。通常的情况是，从他人那里被动获得的知识往往容易让接受者有种被"灌输"的厌倦，而通过自身勤奋和创新所发现的知识，将会成为一笔完全属于自己的深刻而久远的财富。

在追求更好的今天，未来的竞争实质上是学习的竞争。"未来唯一持久的优势就是，比你的竞争对手学习得更好。"谁学习得更快、理解得更深，谁就会走在发展的前列。不断充实、提高自己，已经成为当代人们求进步、促发展的一个共识。

通用电气公司(GE)首席教育官、GE发展管理学院院长鲍勃·科卡伦在《我们如何培养经理人》一文中就曾提出："在GE内部，一旦你进入了公司，你是来自哈佛大学，还是一个不起眼的学校并不重要。因为一旦你进入公司，你现在的表现比你过去的经历更重要。"

"如果你从事一项新工作，你做得不是太好，没关系，只要我们知道你在学习，就有理由相信你能追上来。我们希望人们的表现高于一般期望值，工作得更出色。不过期望值不是一成不变的，它会随时间而变化。如果你停止学习，一段时间内一直表现平平，而期望值因为竞争关系、因为客户需求，或是技术进步而上升，但你却不再学习，你就可能被淘汰。要知道在企业，期望值年年上升。如果你今年的销售额达到2000万美元，明年就要达到2200万美元，而在接下来的年头,你需要做更多。"

"如果你停止学习,从个人的角度看这个问题,就像水在涨,而你就站在那里,并不去学习提高游泳的技巧,那就只有被淹死了。这对你个人和事业来说都是一件坏事。"

"吾生也有涯,而知也无涯。"一个真正有志向、渴望充实并造就自己的人,他们大都懂得随时随地积累知识,对于所接触到的一切事物都留心观察、研究,通过各种途径不断汲取,使自己的视角更加开阔、思维更加全面,从而对各类问题应对自如。更重要的是,他们通过时时的"充电"来保持成功之源,形成螺旋式上升的永动力,进而探索并挖掘出个体前所未有的潜质,使生命的价值得以升华。

在知识更新速度不断加快的今天,当知识不是以多寡而是以新旧来衡量的时候,差距是相对的,机会、财富也是暂时的,如果认为自己已经学会了一切,可以放松了,那么就在放松的那一刻起,竞争对手就开始超越我们,并将我们的成果全部毁灭。

正如李嘉诚先生所说:"知识能够决定一个国家的富强和一个民族的提升。"他还有一句著名的论断:"知识改变命运。"而命运的改变,只是单纯凭借"静止不变"的学历是远远不够的,更多的要靠自身不断的更新。所以,不管身处何业,唯有孜孜不倦地有效学习,不失时机地充实自己、更新自己,才能步步为营,才能在激烈的市场竞争中长盛不衰。

不断进取,才能遥遥领先

太平天国初期,农民起义军一举攻占天京,又大步西征、北伐,巩固了政权,与清王朝形成对峙,所取得的成果可喜可贺。但起义者们就此满足,以为已经握在手心里的就足够了,不思进取、安于现状。结果天京被攻陷,起义失败,连握在手里的也失去了。

只有那些不断追求、不断进取的人才能保住现有的,否则连现有的也将被夺去。试想,几千年前的秦国若满足于雍州之地而安守温保,又哪里有一统天下的成就呢? 若红军仅仅认为握在手心里的就是最好的而死死守住几个根据地,建立新中国的辉煌又从何谈起呢?

相反,不满足于所拥有的,不断追求,才有可能取得不断的成功。

居里夫人在获得了诺贝尔奖之后,并未满足“现有的”。一次,居里夫人的朋友去她家做客,看见她的小女儿正在玩她的金质奖章,不禁大为惊异。居里夫人却笑道:“我就是想让孩子知道,现在所取得的,只能像玩具一样玩玩而已。决不能死守着,否则你将一事无成。”

居里夫人正是凭着这种不断进取的精神,才能达成事业上的另一个巅峰。一个人成功与否在于他是否做什么都力求再进一步。成功者无论干什么工作,都不会轻率疏忽、满足现状。相反,他会在工作中以最高的规格要求自己,要做到最好,就必须那样去做。

人生要不厌倦,必须要有连续目标的追求。在前进的道路上,要不断给自己设定新的奋斗目标,并为实现目标顽强拼搏,克服一切困难。如果止步不前,不去精益求精、不断进取的话,就很难取得卓越的成就。

想来，追求进步和发展应该是自然界的固有本性，是宇宙万物永恒运动的原动力。人类内在的智慧也总在推动我们去追求自我发展，追求自身价值的完美表达。古往今来，人类的进步和对周围事物的再发现、再创造，实际上都产生于一种进取的品格。毕生无畏的探索与追求在带来变革的同时，也推进了历史的进程。正如 16 世纪欧洲著名的医学家帕拉塞尔苏斯带给我们的启示一样。

帕拉塞尔苏斯，1493 年生于瑞士，全名是"特奥弗拉斯特斯·博姆巴斯特·冯·荷恩海姆"。他似乎生来就是为了向这个世界挑战的，他蔑视一切传统，尤其是对当时的医学实践更是不屑一顾，甚至公然将传播 1000 多年的教科书扔进学生集会的篝火里。为了否定举世公认的古罗马最伟大的医学家塞尔苏斯，他给自己起了一个非常简洁明快的名字——帕拉塞尔苏斯，意为"超过塞尔苏斯"。

他主张放弃一切传统的医学手段，而从实践中创新出一种全新的化学疗法。他曾尝试着用盐、水银等物质的合成去治疗使整个欧洲束手无策的疾病——梅毒，给绝望之中的医学界带来了一缕希望的曙光，而这种疗法的效果又不能不使皓首穷经的传统医学界瞠目结舌。

1552 年，帕拉塞尔苏斯在瑞士巴塞尔用全新的化学疗法治愈了著名的新利徒、印刷商约翰·弗洛本尼留斯的腿部感染，把他"生命的一半从地狱里带了出来"，从而享誉整个欧洲。巴塞尔市政厅因此而不顾医学界的反对，坚持让帕拉塞尔苏斯在大学任教。如此，他那些离经叛道的新主张、新观点也得以传遍天下。

不思进取，只知道躺在现在所拥有的温床上享受成果的人，终究注定了一生的无为。甚至，他们在循规蹈矩中渐渐忘记了"生于忧患，死于安乐"的道理，从而造成千古遗憾。正所谓"忧劳可以兴国，逸豫可以亡身"，无论何时何地，我们都要不断进取、不断超越，只有这样才有可能不被历史的潮流所激退，才能保持遥遥领先的势头。

"世之奇伟、瑰怪、非常之观，常在于险远。"要观赏到这些世间奇景，只有不断进取。进取人生，就是把人固有的发展需求尽可能地释放出来，在发展中找到自己的价值以及生存的意义。何况"逆水行舟，不进则退"，我们所处的时代是一个集高科技、高信息飞速发展的时代，每个人都无时无刻地不在面临着各种机遇和挑战，只有上下求索、不断进取，方能在竞争激烈的社会中处于时时更新的不败之地。

若想取得大改变，还是别留退路的好

"母亲，今天你要么看到你的儿子成为祭司长，要么就看到他被流放。"

这是凯撒大帝在参加祭司长的选举当天，母亲含泪把他送到门口时，他亲吻了母亲后所说的一句话。

凯撒大帝并非出生于帝王之家，并且因血统等关系一直受到排挤。直到当权者死去，他才得到立足和发展的机会。参加祭司长的选举则是他政治生涯的第一站，而他背水一战的气势也足以让所有的竞争对手都后退三尺，从而开启了一代英雄伟大的人生旅程。

对于英雄，我们除了惊讶于他们所创造的丰功伟绩外，还经常会为他们在建功立业时所表现的豪迈气概所震动。古今中外成大事者，都具有这种将自己置身于悬崖之上而不留后路的精神。从某种意义上说，这也是给了自己一个向生命高地冲锋的机会，给了自己一个成为强者的机会。

据科学家研究证明，人在处于险境时，会分泌大量肾上腺素，进而能使人在短时期内跑得更快、跳得更高、力量更强。中国古代军事家孙武曾说"置之死地而后生"，这句话被历代兵家政客奉为行事真言。的确，在这句话的指引下，李靖横扫吐谷浑，纳尔逊大败无敌舰队，英勇的志愿军战士在上甘岭顶住了数倍于己的美军强攻。

而在现实生活中，或许没有后路的境况来得更加实在。当命运赋予我们无力承受的委屈和苦楚，以至于没有第二个选择的时候，我们才会更加珍惜，才会更有力量地去开始新的生活。有一部叫做《不归路》的电影，主人公在被砍指、毒打、活埋之后所迸发出的勇气，让人们再次体会到了绝望中的力量。

很多时候，我们是被一些后路牵绊了自己的脚步，只在留恋和唏嘘里一味地找寻过去的踪迹，遮住了双眼，看不清别人，也挪不动自己，前进也就显得有气无力。所以说，要想获得大的改变，就不要顾此失彼，哪怕孤注一掷，也至少可以让自己的目的更加纯粹、更加淋漓，从而收获一个急转弯后的重新站起。被传为佳话的"破釜沉舟"的史例就足以说明这个道理。

秦国的30万人马包围了赵国的巨鹿（今河北省平乡县），赵王连夜向楚怀王求救。楚怀王派宋义为上将军、项羽为次将军，率领20万军队去援救赵国。

然而宋义本是个胆小如鼠的人，听说秦军势力强大，又反观自己兵力悬殊，走到半路就胆怯了，迟迟驻扎不肯前行。当时军中补给不够，士兵只好把蔬菜和杂豆煮熟当饭吃，而宋义却大摆宴会，酒肉成席。同时，为了堵住项羽的嘴，下了一道指令：有谁敢违背我的指令，力斩不赦。

项羽一身豪气，如此退缩之气怎能下咽！某天早晨，他全副武装，大步跨进宋义军帐，再次要求立即出兵救赵。宋义大发脾气地喊道："我的军令已下，难道你要以头试令吗？"

项羽大吼一声："我要借头发令！"说罢一剑斩下他的脑袋。

将士们听说宋义被杀，都立刻表示愿意服从项羽的指挥，并拥立项羽代理上将军一职。一朝权在手，便把令来行。项羽先派出一支部队切断了秦军运粮的通道，自己则率领主力渡过漳河，解救巨鹿。

待楚军全部渡过漳河以后，项羽让士兵们饱餐了一顿，并让每人带足3天的口粮，然后又下令砸碎全部行军做饭的锅灶。将士们都愣了，项羽说："没有锅，我们可以轻装前进，立即挽救危在旦夕的赵国！至于吃饭，就让我们到章邯军营中取锅做饭吧！"后命令士兵把渡船全都砸沉，同时烧掉所有的行军帐篷。战士们一看没有了退路，便明白这场仗如果打不赢，就谁也活不成了。由此，士气大增，全军上下都抱着一定要夺取胜利的决心。

项羽指挥楚军很快包围了王离的军队，同秦军展开了9次激烈的战斗。渡河的楚军无不以一当十、以十当百，个个如下山猛虎，奋勇拼杀。沙场之上，烟尘蔽日，杀声震天。楚军将士越斗越猛，直杀得山摇地动、血流成河。经过多次交锋，楚军终于以少胜多，把秦军打得大败，杀死了秦将苏角，俘虏了王离，章邯也被迫带着残兵败将急忙后退。

这一仗不但解了巨鹿之围，而且也奠定了项羽在军中的统帅地位。

往往，当遇到困难时，不给自己留后路是对于挑战的另一种决绝的积极。对生活的态度越积极，对人生的挑战越勇敢，就越能找到最佳的心态和定位。

人的潜力是有弹性的，只要勇于挑战，就能产生出一种超乎常规的力量。背水一战、破釜沉舟，就是不断给自己加码，也就是在跟自己竞争。"没有一件事比尽力而为更能满足你，也只有这个时候你才会发挥出最好的能力。这会给你带来一种特殊的权利，以及一种自我超越的胜利。"

让拼搏成为一种惯性

"三分靠注定,七分靠打拼,爱拼才会赢"。一首《爱拼才会赢》从闽南地区唱遍了祖国的大江南北。

同时,在香港遭遇金融危机的重创时,越来越多的香港人用粤语唱出了自己的拼搏,唱出了让一个"繁荣、自由、资讯发达"的"东方之珠"。香港人信奉一句话:"你肯搏,就肯定有(成功)!"

古往今来,多少仁人志士都把拼搏作为一生的精神习惯和行为动力。"烈士暮年,壮心不已"是曹操的拼搏;"一万年太久,只争朝夕"是毛泽东的拼搏;"穷且益坚,不坠青云之志"是王勃的拼搏;"地上本没有路,走的人多了,也便成了路"是鲁迅的拼搏……生活告诉我们:既然为水,就应该成为波浪;既然是土,就要垒成大山;既然做星辰,就应该放射光茫。我们渴望事业的成功、渴望生活的温馨、渴望为社会做一份贡献。所以,唯有爱拼才会赢。

拼搏精神是指在一定理想、信念的驱使下,人的拼命争取、全力搏斗的意志品质。一颗种子有了拼搏,才能满足它长成参天大树的愿望;一条小溪有了拼搏,才能实现它汇聚大海的雄心。人生也会因为拼搏,而实现精彩的壮志。

或许,我们不能成长为经世伟人,也不能创造出惊天动地的豪业,但我们可以把拼搏注入潜意识的思维中,从而形成一种行为的惯性。如此,生活的困惑与艰难就显得是那么的微不足道。

虽然,拼搏有时要经受一次次的失败和痛苦。但真正的强者,会从失败和痛苦中汲取力量,站在新的高度开始新的拼搏。唐太宗落丧过,因为懂得拼搏,他开创了贞观之治;司马迁痛苦过,因为懂得拼搏,他著成名垂千古的《史记》;爱迪生失败过,因为懂得拼搏,他成为世界发明大王;贝多芬绝望过,因为懂得拼搏,他创作了《命运交响曲》……生活中有一座座困难之山,要想取得成功,就必须不怕曲折坎坷、不惧路远山高,必须一路拼搏。在拼搏的路上也许会有"山重水复疑无路"的困惑,但只要敢于拼搏,未来终究是"柳暗花明又一村"。

正所谓狭路相逢勇者胜,面对困难、面对对手时,只有敢于拼搏才能取得胜利,创造出新的成绩。

2006年,是刘翔的"传奇年"。他在7~9月的整个赛季中,包括多哈亚运会在内,一共参加了9个国际大赛,拿下了7个冠军、1个亚军和1个第4名,其成绩之稳定,令人叹为观止。当被问询其中的秘诀时,竟问出了一个鲜为人知的故事。

"其实,我小的时候可不是这样的。"刘翔娓娓道来,"小时候,碰到很多事情都会慌。比如说,小时候最怕考试,还有就是比赛。就连做错事也会慌,怕回家后被爸爸打。但越是怕、越是慌,就越是做错事。"

是2000年的世青赛改变了他的一生。"那是我第一次到国外比赛,结果还是去了最远的地方智利。"因为是第一次到国外比赛,遇到的都是从没碰到过的外国选手。比赛开始前,刘翔还觉得那些对手看上去实力都很强,好像比自己厉害许多。"可预赛比完一看,那些壮壮的、肌肉很发达的家伙,也不过如此嘛。"那一次,刘翔拿了个第4名,"虽然比第3名的成绩差了一点点,没能拿到一枚奖牌,但感觉已经很满意了。毕竟,我的年龄比他们都小,而且是第一次参加这样的国际大赛,觉得没有输给他们太多,只要敢拼,自己还是有很多潜力可挖掘的。"

跨过了这道坎,刘翔的心理素质才真正和他的成绩一起飞速发展起来。"2001年是我飞跃的一年。从那一年起,我的进步就特别的快。那时候,我觉得,比赛就是一个很好的积累经验的机会,是一次能让自己拼一把的锻炼。所以,只要一有比赛,我就比、比、比。心理素质的锤炼和做事拼搏的习惯就是从那时候开始的。"

　　拼搏,就是在困难面前不低头、在压力之下不逃避、在坎坷路上不退缩。这不是一时的心血来潮,也并非堂而皇之的空喊口号。这是一种需要长期坚忍不拔的毅力和坚定不移的信念来导航的力量。在人生的每一个台阶前,都能抛开平庸与怯懦,用短跑般的爆发力全身心地投入,也许开始时的确费劲,但久而久之便有了一种起重机的惯性。如此,属于我们自己的精彩人生终究会有绽放光芒的一天!